Steven Gazal

La consanguinité à l'ère du génome haut-débit

Steven Gazal

La consanguinité à l'ère du génome haut-débit

Estimations et applications

Presses Académiques Francophones

Impressum / Mentions légales
Bibliografische Information der Deutschen Nationalbibliothek: Die Deutsche Nationalbibliothek verzeichnet diese Publikation in der Deutschen Nationalbibliografie; detaillierte bibliografische Daten sind im Internet über http://dnb.d-nb.de abrufbar.
Alle in diesem Buch genannten Marken und Produktnamen unterliegen warenzeichen-, marken- oder patentrechtlichem Schutz bzw. sind Warenzeichen oder eingetragene Warenzeichen der jeweiligen Inhaber. Die Wiedergabe von Marken, Produktnamen, Gebrauchsnamen, Handelsnamen, Warenbezeichnungen u.s.w. in diesem Werk berechtigt auch ohne besondere Kennzeichnung nicht zu der Annahme, dass solche Namen im Sinne der Warenzeichen- und Markenschutzgesetzgebung als frei zu betrachten wären und daher von jedermann benutzt werden dürften.

Information bibliographique publiée par la Deutsche Nationalbibliothek: La Deutsche Nationalbibliothek inscrit cette publication à la Deutsche Nationalbibliografie; des données bibliographiques détaillées sont disponibles sur internet à l'adresse http://dnb.d-nb.de.
Toutes marques et noms de produits mentionnés dans ce livre demeurent sous la protection des marques, des marques déposées et des brevets, et sont des marques ou des marques déposées de leurs détenteurs respectifs. L'utilisation des marques, noms de produits, noms communs, noms commerciaux, descriptions de produits, etc, même sans qu'ils soient mentionnés de façon particulière dans ce livre ne signifie en aucune façon que ces noms peuvent être utilisés sans restriction à l'égard de la législation pour la protection des marques et des marques déposées et pourraient donc être utilisés par quiconque.

Coverbild / Photo de couverture: www.ingimage.com

Verlag / Editeur:
Presses Académiques Francophones
ist ein Imprint der / est une marque déposée de
OmniScriptum GmbH & Co. KG
Heinrich-Böcking-Str. 6-8, 66121 Saarbrücken, Deutschland / Allemagne
Email: info@presses-academiques.com

Herstellung: siehe letzte Seite /
Impression: voir la dernière page
ISBN: 978-3-8381-4629-4

Zugl. / Agréé par: Paris, Université Paris Sud, 2014

Copyright / Droit d'auteur © 2014 OmniScriptum GmbH & Co. KG
Alle Rechte vorbehalten. / Tous droits réservés. Saarbrücken 2014

A Stéphanie.

Me voici arrivé au terme d'un voyage,
Odyssée jalonnée de multiples compagnonnages.
Je me devais d'en débuter le déroulé,
En évoquant ceux qui prirent part à cette épopée.

Naviguer à leurs côtés fut une grande aubaine.
Mes premiers remerciements vont donc à mes deux capitaines,
Qui, maniant patience et exigence aux lectures de mes rapports,
Surent habilement me gouverner à bon port.

Je dois ce voyage aux manœuvres d'une Dame,
Commandante de l'équipage IAME.
Pour m'avoir offert sa perpétuelle bienveillance,
Qu'elle soit remerciée de ce gage de confiance.

Aux membres de la plate-forme, également je le dois,
Car de mes bagages je leur suis légataire,
Parmi eux la souveraine des Moya Moya,
Et le Dieu des Mers, des PR, et des sashimis offerts.

Je tiens également à remercier les membres du jury,
Pour leurs yeux avisés sur ce long manuscrit.
Sans oser prétendre de mon art vous instruire,
J'espère que ce projet aura su vous divertir.

Ce manuscrit n'eut été si spectaculaire,
Sans le partage de navigateurs du Nord,
Qui m'ont laissé naviguer sur l'Alzhei mer,
Et ses mille millions de SNPs à bord.

Je ne peux également oublier un joaillier tunisien,
Dont les perleries créent sous-cartes par milliers,
Ainsi qu'un fier porteur de pulls marins,
Levant l'ancre des chaines les plus profondément cachées.

Que diable allions nous faire dans cette galère !
Nous partîmes d'un pied pas vraiment marin,
Ton genou devenant franchement mal en point,
Mais accostâmes valeureusement, à jamais solidaires !

Elle fait garder la pêche à ceux qu'elle côtoie,
Et son renfort est aussi utile qu'immédiat
(Le plus souvent, il est vrai, grâce à Wikipédia).
Je lui lève ce vers disant simplement « Merci à toi ».

A vous tous, bande de marins Dodu,
Je pars vague à l'âme, le cœur fendu.
Je ne saurais oublier votre salle café,
Ses pauses FEstives, et ses PSG.

L'équipage IAME a vu passer trop de mousses de qualité,
Pour que je puisse un à un les remercier.
Loués soit ceux avec qui je continuerai mon voyage,
Et ceux qui partiront vers d'autres rivages.

Au bleu des océans et de ses studios,
A Matthieu Gold et sa flûte enchanteresse,
A Dédé et nos Chez Adel plein d'ivresse,
Merci d'avoir su me sortir la tête de l'eau.

Enfin, pour clore ce poème doctoral,
Mes dernières pensées vont à la lignée Gazal,
Source infinie de réconfort et de bonheur,
D'ancre rouge à jamais tatouée dans mon cœur.

Ce manuscrit comprend des graphiques tirées d'internet et d'autres ouvrages.

RESUME EN FRANCAIS

Résumé

Un individu est dit consanguin si ses parents sont apparentés et s'il existe donc dans sa généalogie au moins une boucle de consanguinité aboutissant à un ancêtre commun. Le coefficient de consanguinité de l'individu est par définition la probabilité pour qu'à un point pris au hasard sur le génome, l'individu ait reçu deux allèles identiques par descendance qui proviennent d'un seul allèle présent chez un des ancêtres communs. Ce coefficient de consanguinité est un paramètre central de la génétique qui est utilisé en génétique des populations pour caractériser la structure des populations, mais également pour rechercher des facteurs génétiques impliqués dans les maladies.

Le coefficient de consanguinité était classiquement estimé à partir des généalogies, mais des méthodes ont été développées pour s'affranchir des généalogies et l'estimer à partir de l'information apportée par des marqueurs génétiques répartis sur l'ensemble du génome.

Grâce aux progrès des techniques de génotypage haut-débit, il est possible aujourd'hui d'obtenir les génotypes d'un individu sur des centaines de milliers de marqueurs et d'utiliser ces méthodes pour reconstruire les régions d'identité par descendance sur son génome et estimer un coefficient de consanguinité génomique. Il n'existe actuellement pas de consensus sur la meilleure stratégie à adopter sur ces cartes denses de marqueurs en particulier pour gérer les dépendances qui existent entre les allèles aux différents marqueurs (déséquilibre de liaison).

Dans cette thèse, nous avons évalué les différentes méthodes disponibles à partir de simulations réalisées en utilisant de vraies données avec des schémas de déséquilibre de liaison réalistes. Nous avons montré qu'une approche intéressante consistait à générer plusieurs sous-cartes de marqueurs dans lesquelles le déséquilibre de liaison est minimal, d'estimer un coefficient de consanguinité sur chacune des sous-cartes par une méthode basée sur une chaîne de Markov cachée implémentée dans le logiciel FEstim et de prendre comme estimateur la médiane de ces différentes estimations. L'avantage de cette approche est qu'elle est utilisable sur n'importe quelle taille d'échantillon, voire sur un seul individu, puisqu'elle ne demande pas d'estimer les déséquilibres de liaison. L'estimateur donné par FEstim étant un estimateur du maximum de vraisemblance, il est également possible de tester si le coefficient de consanguinité est significativement différent de zéro et de déterminer la relation de parenté des parents la plus vraisemblable parmi un ensemble de relations. Enfin, en permettant l'identification de régions d'homozygoties communes à plusieurs malades consanguins, notre stratégie peut permettre l'identification des mutations récessives impliquées dans les maladies monogéniques ou multifactorielles.

Pour que la méthode que nous proposons soit facilement utilisable, nous avons développé le pipeline, FSuite, permettant d'interpréter facilement les résultats d'études de génétique de populations et de génétique épidémiologique comme illustré sur le panel de référence HapMap III, et sur un jeu de données cas-témoins de la maladie d'Alzheimer.

TABLE DES MATIERES

INTRODUCTION 13

CHAPITRE 1 - QUELQUES PRINCIPES DE GENETIQUE EPIDEMIOLOGIQUE ET DES POPULATIONS 17

   1 Principes de génétique humaine 18

   2 Principes de génétique des populations 30

   3 Principes de génétique épidémiologique 39

CHAPITRE 2 - ESTIMATION DE LA CONSANGUINITE EN PRESENCE DE DESEQUILIBRE DE LIAISON 51

   1 Estimateurs simple-points 52

   2 Régions d'homozygotie 55

   3 Modélisation du processus HBD d'un individu par une chaine de Markov cachée 58

   4 Prise en compte du LD dans les HMMs 67

   5 Discussion 78

   6 Résumé 80

   7 Supplément 83

CHAPITRE 3 - COMPARAISON DE METHODES PAR SIMULATIONS 85

   1 Processus de simulation 86

   2 Méthodes comparées 92

   3 Estimation de la consanguinité 96

   4 Détection des segments HBD 100

   5 Détection de la consanguinité 104

   6 Influence du panel de SNPs et du niveau de LD 110

   7 Discussion 113

   8 Suppléments 122

CHAPITRE 4 - APPLICATIONS A LA GENETIQUE EPIDEMIOLOGIQUE ET DES POPULATIONS 125

    1 Statistiques basées sur la consanguinité - FSuite 127

    2 Apport de la consanguinité à l'étude de populations 133

    3 Apport de l'homozygotie à l'étude des maladies multifactorielles 146

DISCUSSION 173

REFERENCES 183

INTRODUCTION

Les mariages entre individus apparentés représentent plus de 10 % des mariages dans le monde (Bittles et Black 2010). Ils peuvent être fréquents, voire très fréquents, dans certaines populations où ils sont favorisés pour des raisons économiques ou sociales (Afrique du nord, Moyen-Orient, Inde). Dans d'autres populations comme celles des pays occidentaux, ces mariages sont beaucoup plus rares mais existant, en particulier dans certaines sous-populations isolées géographiquement (îles, villages) ou culturellement (communautés étrangères ou religieuses) dans lesquelles le nombre de conjoints est limité (Figure 0.1). Les enfants issus de telles unions sont appelés consanguins. La conséquence génétique pour ces enfants est de recevoir deux allèles identiques par descendance, provenant d'un seul allèle présent chez un des ancêtres communs de ses parents. Le coefficient de consanguinité mesure la probabilité d'observer un tel événement à un point pris au hasard sur le génome, et sert donc à quantifier le degré de consanguinité d'un individu.

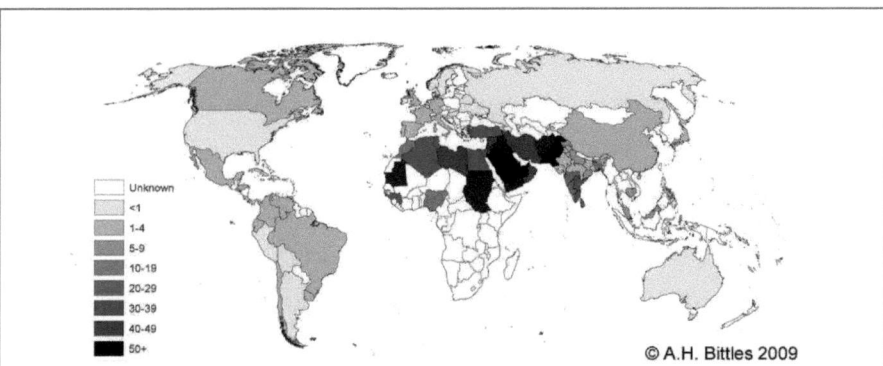

Figure 0.1 : Prévalence des mariages entre individus apparentés. Seuls les apparentements jusqu'aux cousins au 2ème degré ont été considérés pour la construction de cette figure (Bittles 2012). Image tirée de www.consang.net/index.php/Global_prevalence.

INTRODUCTION

Traditionnellement estimé à partir de généalogies (Wright 1922), il est néanmoins possible d'estimer ce coefficient directement à partir de l'information apportée par des marqueurs génétiques répartis sur l'ensemble du génome d'un individu. Ritland (1996) fut ainsi le premier à proposer une telle estimation, après que de nombreux travaux aient auparavant suggéré l'apport des données génétiques pour reconstruire les liens de parentés entre individus (Li et Horvitz 1953, Edwards 1967, Thompson 1975). Si la possession de telles données était à l'époque inenvisageable, il est désormais courant, grâce aux progrès des techniques de génotypage haut-débit, de disposer de génotypes d'individus sur des centaines de milliers de marqueurs. De nombreuses méthodes ont donc été développées durant ces 10 dernières années, afin de reconstruire les régions d'identité par descendance sur le génome, et d'estimer un coefficient de consanguinité génomique f.

Le coefficient de consanguinité est un paramètre central de la génétique. En génétique des populations, il est utilisé pour caractériser les mariages préférentiels ayant lieu au sein des populations. En génétique épidémiologique, il est utilisé pour rechercher des facteurs génétiques impliqués dans les maladies récessives rares pour lesquelles une stratégie consiste à rechercher chez des malades consanguins des régions du génome partagées à l'état homozygote (cartographie d'homozygotie) (Lander et Botstein 1987). Les coefficients de consanguinité des malades sont alors nécessaires pour quantifier la probabilité que le gène impliqué dans la maladie soit présent dans cette région d'homozygotie partagée. Une mauvaise estimation de ces coefficients de consanguinité à partir de généalogies incomplètes peut alors conduire à une surestimation de cette probabilité et donc orienter vers une mauvaise piste de recherche. Pouvoir estimer ce coefficient sans connaissance des généalogies offre dans ce contexte un avantage certain puisqu'il est même alors possible de partir d'individus malades, qu'on soupçonne d'être consanguin mais dont on ne possède pas les généalogies, pour réaliser cette cartographie d'homozygotie (Leutenegger et coll. 2006). On peut même alors envisager d'étendre ces études aux maladies multifactorielles en partant des grands jeux de données cas-témoins génotypés dans le cadre des études d'association pangénomiques pour identifier des cas consanguins et rechercher d'éventuelles sous-entités récessives de ces maladies.

De nombreuses méthodes ont été développées pour estimer le taux de consanguinité f à partir des informations génomiques mais leurs propriétés statistiques n'ont pas toujours été évaluées et comparées. En particulier, leur robustesse lorsqu'il existe des dépendances entre les allèles aux différents marqueurs est rarement connue. Cette robustesse est pourtant nécessaire pour obtenir de bonnes estimations de f. En effet, cette dépendance, ou déséquilibre de liaison, peut créer de grandes régions d'homozygotie sur le génome, et ainsi entrainer une surestimation de f. Bien que certaines méthodes proposent de prendre en compte le déséquilibre de liaison, on connait encore mal l'influence de ce dernier sur la précision des estimateurs.

Le but de cette thèse est donc d'évaluer différentes méthodes permettant d'estimer le coefficient de consanguinité en présence de déséquilibre de liaison, et d'illustrer leurs apports dans le cadre d'études de génétique des populations et de génétique épidémiologique. Dans le premier chapitre, nous commencerons par détailler les différents concepts liés à la génétique qui ont été abordés dans cette introduction. Dans un second chapitre, nous passerons en revue les méthodes permettant d'estimer le coefficient de consanguinité d'un individu, tout en prenant en compte le déséquilibre de liaison de sa population. Nous comparerons dans le troisième chapitre ces méthodes par des simulations. Nous proposerons et évaluerons également des tests permettant d'inférer si un individu est consanguin. Enfin, dans le quatrième et dernier chapitre, nous montrerons comment nous avons implémenté les méthodes les plus performantes dans un pipeline, FSuite, qui permettra d'interpréter facilement les résultats d'études de génétique de populations et de génétique épidémiologique. Nous illustrerons ce pipeline pour ces deux types d'études : sur le panel de référence HapMap III, et sur un jeu de données cas-témoins de la maladie d'Alzheimer. Ce jeu de données servira à illustrer les différentes stratégies permettant d'exploiter l'homozygotie dans les maladies multifactorielles.

CHAPITRE 1 - QUELQUES PRINCIPES DE GENETIQUE EPIDEMIOLOGIQUE ET DES POPULATIONS

Le thème central de cette thèse est la détection de la consanguinité et de ses effets sur le génome humain. L'objectif de ce chapitre est d'introduire les concepts de génétique des populations et de génétique épidémiologique qui seront nécessaires à la compréhension du travail de recherche effectué lors de cette thèse.

Nous commencerons par définir les principes fondamentaux de la génétique humaine. Dans un second temps, nous détaillerons le concept de consanguinité, d'homozygotie par descendance, et de ses conséquences sur le génome. Enfin, nous terminerons ce chapitre en introduisant les concepts de l'épidémiologie génétique, dans le cadre des maladies monogéniques et multifactorielles. Nous y expliquerons également l'apport des familles consanguines pour la recherche de gènes impliqués dans des maladies récessives grâce à la méthode de cartographie par homozygotie (ou *homozygosity mapping*).

CHAPITRE 1

1 Principes de génétique humaine

1.1 Le génome humain

Le génome est l'ensemble de l'information héréditaire d'un organisme. Il est codé dans l'**ADN**, ou acide désoxyribonucléique, présent dans le noyau de la majorité des cellules. L'ADN est une macromolécule constituée de l'union de deux brins ayant une structure spatiale en « double hélice ». Chaque brin est constitué de l'assemblage de nucléotides, dont on dénombre quatre types : l'adénine (A), la guanine (G), la cytosine (C), et la thymine (T). Les deux brins s'associent entre eux au niveau de ces bases nucléotidiques en établissant des liaisons spécifiques : le nucléotide A s'associe toujours au T du brin complémentaire, et le C s'associe toujours au G. Un génome est recouvert de **gènes**, dont les **exons** sont les séquences codant pour des protéines, molécules participant à tous les mécanismes du vivant.

L'ADN nucléaire humain est divisé en 23 paires de **chromosomes**, soit 46 chromosomes au total, et est donc dit diploïde. Les 22 premières paires sont appelés **autosomes** et numérotées de 1 à 22. Chaque paire est constituée de deux chromosomes du même type, dit homologue. La dernière paire consiste en deux chromosomes sexuels : un chromosome X et un chromosome Y chez l'homme, deux chromosomes X chez la femme. L'ADN nucléaire compte deux fois 3 milliards de paires de bases nucléotidiques. Leurs séquences codant pour des protéines en constituent 1.5 % (Lander et coll. 2001) et sont réparties sur 20 287 gènes [www.ensembl.org/biomart]. L'ADN nucléaire constitue avec l'ADN mitochondrial ce qu'on appelle le **génome humain**. Dans le cadre de cette thèse, seul les autosomes seront étudiés.

1.2 Polymorphismes génétiques

Les séquences nucléotidiques du génome de deux humains sont identiques à 99.5 % (Levy et coll. 2007). Le développement des techniques de biologie moléculaires a montré qu'à certaines localisations spécifiques du génome, ou **locus**, différentes formes de la séquence d'ADN pouvaient être observées. Leur présence est due à des **mutations** qui vont de la modification d'une à plusieurs bases nucléotidiques. Un **polymorphisme** correspond à la présence en un locus de ces différentes formes, appelées **allèles** ou **variants**. On trouvera donc, en un locus donné, une combinaison de 2 allèles que l'on appelle un **génotype**. Un génotype peut être **homozygote** si les deux allèles sont identiques, ou **hétérozygote** s'ils sont différents.

Les polymorphismes étudiés dans cette thèse sont ceux dus à la substitution ponctuelle d'un nucléotide que l'on appelle les polymorphismes nucléotidiques simples ou **SNPs** (*Single Nucleotide Polymorphisms*). On estime le nombre des SNPs à plus de 38 millions (The 1000 Genomes Project Consortium 2010, 2012). Leur abondance, leur répartition sur l'ensemble du génome, et la diminution du coût et du temps de leur génotypage, en font le polymorphisme le plus utilisé pour « baliser » et étudier le génome humain.

Parmi les autres types de polymorphismes observables sur le génome on peut citer les microsatellites, très courtes séquences d'ADN (1 à 6 paires de bases) répétées en tandem, et les variants du nombre de copie (ou *Copy Number Variant*, CNV), segments d'ADN **délétés** ou **dupliqués**.

1.3 Liaison génétique

1.3.1 Méiose et recombinaison

La **méiose** est le processus aboutissant à la production de nos **gamètes**, spermatozoïdes ou ovules, contenant chacun un chromosome de chaque paire. Chacun de ces chromosomes peut alors être un mélange de notre chromosome paternel et maternel, si il y a eu lieu un ou plusieurs **enjambements** (ou *crossing over*) entre chromosomes homologues, grâce un processus appelé **recombinaison** intervenant lors de la méiose (Figure 1.1). Ce phénomène, ainsi que celui des mutations, est à la base de la diversité génétique de l'espèce humaine.

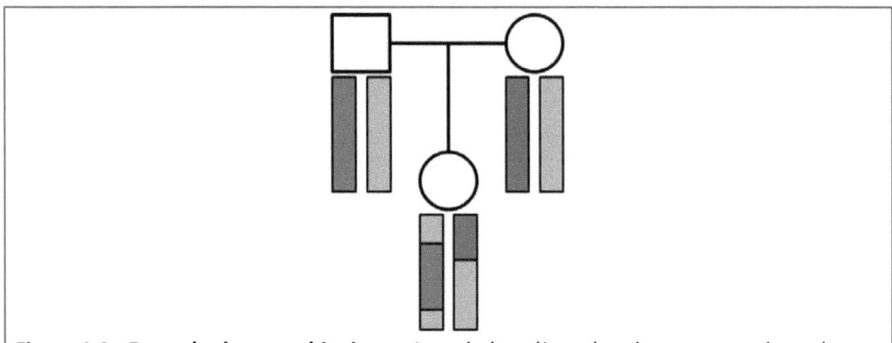

Figure 1.1 : Exemple de recombinaisons. Lors de la méiose, les chromosomes homologues s'apparient. Ils sont séparés les uns des autres, mais maintiennent une ou plusieurs zones de contact. On peut alors observer des enjambements, créant ainsi un échange d'information génétique entre ces deux chromosomes. Ici, le chromosome, ou haplotype, transmis par le père a recombiné deux fois, et celui transmis par la mère a recombiné une fois.

Chez l'humain, seuls quelques événements de recombinaison se produisent en une génération (33 en moyenne). Ces recombinaisons interviennent dans des régions préférentielles, que l'on appelle des **points chauds de recombinaisons** (ou *recombination hotspots*). On en dénombre aujourd'hui plus de 30 000, recouvrant 5 % du génome et responsables de deux tiers des recombinaisons (McVean et coll. 2004, Winckler et coll. 2005).

1.3.2 Distance génétique

Deux allèles situés à proximité sur un même chromosome sont fortement susceptibles d'être hérités ensemble. On parle alors de **liaison génétique** entre les deux locus. L'ampleur de cette liaison se mesure par le **taux de recombinaison** θ, qui est la proportion de gamètes recombinés parmi l'ensemble des gamètes transmis par les parents. Deux locus ségrégant indépendamment sont dits non liés et sont caractérisés par un taux de recombinaison θ maximal de 0.5, la recombinaison ne pouvant s'observer que s'il y a eu un nombre impair d'enjambements : dans l'exemple du chromosome orange de la Figure 1.1, il serait impossible d'observer une recombinaison à partir de deux locus situés aux extrémités du chromosome. Dans le cas de locus liés, on a donc θ < 0.5.

Ce taux est une probabilité et n'a donc pas les caractéristiques d'additivité souhaitables pour une mesure de distance. On utilise donc à la place une **distance génétique** mesurée en centimorgan (**cM**). Une distance de d morgans (d x 100 cM) signifie qu'en espérance on attend d enjambements par méiose entre deux marqueurs. Le passage entre taux de recombinaison et distance génétique se fait grâce à des fonctions cartographiques (ou *map functions*). La plus utilisée est celle d'Haldane (1919), reposant sur les hypothèses de non interférence (la présence d'un enjambement n'inhibe pas la survenue d'un second) et que le nombre d'enjambements dans un intervalle suit une loi de Poisson. L'estimation du taux de recombinaison entre plusieurs locus sur des grandes familles a ainsi permis au Centre d'Etude du Polymorphisme Humain (CEPH) de réaliser les premières cartes génétiques du génome humain (Donis-Keller et coll. 1987, Weissenbach et coll. 1992, Dib et coll. 1996).

1.4 Déséquilibre de liaison

1.4.1 Définitions

Deux allèles A et B, situés à des locus différents, sont dits en **déséquilibre gamétique** lorsqu'ils sont présents plus souvent, ou moins souvent, que ne le prédit un assortiment gamétique au hasard. On définit le déséquilibre gamétique par la différence D entre la probabilité $P(AB)$ d'observer le gamète AB, et le produit des fréquences des deux allèles $P(A)$ $P(B)$:

$$D = P(AB) - P(A) P(B).$$

Si D est positif (resp. négatif), les allèles A et B sont plus souvent (resp. moins souvent) ensemble que ne le voudrait le hasard. Si D est nul, on parle alors d'équilibre gamétique.

Une succession d'allèles liés génétiquement sur un chromosome s'appelle un **haplotype** (de l'anglais *haploid genotype*). Lorsque deux allèles situés sur un même haplotype sont en déséquilibre gamétique, on parle alors de **déséquilibre de liaison** (ou *Linkage Disequilibrium*, LD).

1.4.2 Origines du LD

Les origines du LD sont multiples. La plus intuitive est l'apparition d'une nouvelle **mutation**, qui se transmettra aux générations suivantes avec les allèles situés aux alentours. Les recombinaisons et de nouvelles mutations éroderont l'association entre la nouvelle mutation et ses allèles voisins (Figure 1.2.A). La **sélection naturelle** augmentera la fréquence d'un haplotype au détriment des autres si celui-ci présente un avantage (Figure 1.2.B). Lors d'une réduction de la taille de la population, ou goulot d'étranglement (ou *bottleneck*), certains haplotypes seront perdus aléatoirement, ce qui entrainera alors une augmentation du LD (Figure 1.2.C). L'évolution aléatoire des haplotypes dans la population, ou **dérive génétique**, peut également augmenter la fréquence d'un ou plusieurs haplotypes (Figure 1.2.D). Enfin, le **mélange de populations** est une source fréquente de LD. L'effet est évident si l'on considère le cas extrême ou une sous-population possède l'haplotype *AB* et l'autre l'haplotype *ab*. Si l'on suppose l'absence de recombinaisons, on observera dans les populations issues de ce mélange uniquement les haplotypes *AB* et *ab* (Figure 1.2.E).

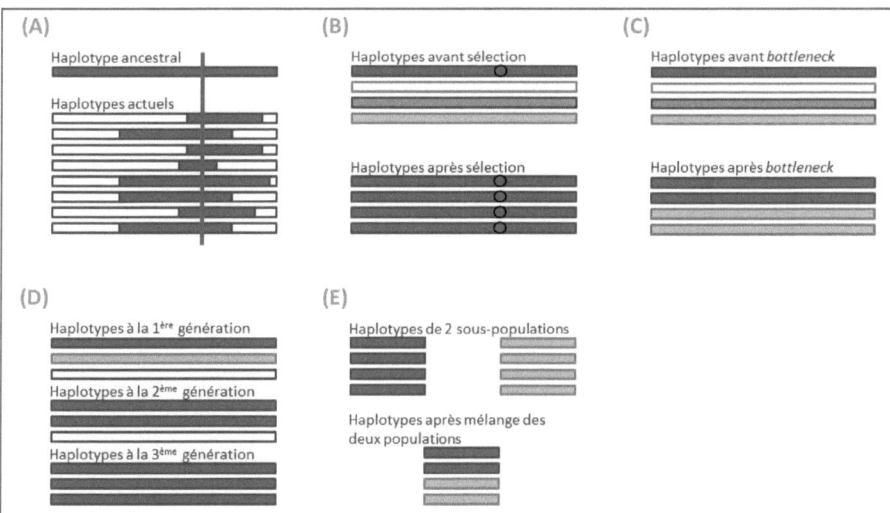

Figure 1.2 : Origine du déséquilibre de liaison (LD). Le LD peut être dû à : (A) une mutation, représentée ici par une ligne verticale ; (B) la sélection naturelle, où l'allèle présentant un avantage est représenté ici par un point ; (C) un goulot d'étranglement (*bottleneck*) ; (D) la dérive génétique ; (E) le mélange de populations.

1.4.3 Quantification du LD entre deux locus dialléliques

Il existe plusieurs mesures pour quantifier le LD entre deux locus dialléliques, chacune mettant en évidence différents types de dépendance. Toutes se basent sur le coefficient D, que l'on peut réécrire sous la forme :

$$D = p_{AB} - p_A p_B = p_{ab} - p_a p_b,$$

avec p_{AB} (resp. p_{ab}) la fréquence de l'haplotype AB (resp. ab, l'haplotype constitué des deux autres allèles), et p_A et p_B (resp. p_a et p_b) les fréquences de ses 2 allèles. Les deux mesures les plus fréquemment utilisées sont le coefficient D' (Lewontin 1964) et le coefficient de corrélation r^2 :

$$D' = \frac{D}{D_{max}} \text{ avec } D_{max} = \begin{cases} \min(p_A p_b; p_a p_B) \text{ si } D > 0 \\ \min(p_a p_b; p_A p_B) \text{ si } D < 0 \end{cases},$$

$$r^2 = \frac{D^2}{p_A p_a p_B p_b}.$$

Le coefficient D' prend les valeurs -1 ou 1 lorsque l'un des 4 haplotypes (par exemple le Ab) n'est pas observable dans la population. On parle alors de déséquilibre complet. Le coefficient de corrélation r^2 vaut 1 lorsque l'on observe seulement deux haplotypes, et que la présence d'un allèle à un locus permet de déduire l'allèle de l'autre. On parle alors de déséquilibre parfait. Lorsque ces deux coefficients sont à 0, on dit que l'on observe un équilibre de liaison.

En pratique, seul les génotypes des individus sont observables, et non leurs haplotypes. Pour les individus ayant les génotypes Aa à un locus et Bb à un autre, il est donc impossible d'en déduire leur **phase**, i.e. l'appartenance des allèles à chaque haplotype (AB et ab, ou Ab et aB ?). Afin d'estimer les fréquences haplotypiques et le D correspondant, un algorithme EM (Dempster et coll. 1977) est souvent utilisé pour estimer ces fréquences à partir de celles calculées avec les autres combinaisons génotypiques (Excoffier et Slatkin 1995). Pour minimiser le temps de calcul, on quantifie le plus souvent le LD avec le coefficient r^2, sans passer par l'estimation de D, mais en utilisant la formule classique de la corrélation, avec les génotypes codés en fonction du nombre de copies de l'allèle de référence (0, 1 ou 2).

1.4.4 Représentation et blocs de LD

Le déséquilibre d'une région s'observe couramment par un graphique montrant les valeurs de D' (ou r^2) de toutes les paires de SNPs d'une région (Figure 1.3). Du fait d'un taux de recombinaison non homogène sur le génome, des « groupes » d'allèles à certains locus sont transmis intacts de générations en générations. Des **blocs de LD** présentant des fortes valeurs de LD et une faible diversité haplotypique (2 à 4 haplotypes fréquents par bloc) sont ainsi visibles sur le génome humain (Daly et coll. 2001). Ces blocs peuvent s'étendre sur des régions de plus de 500 000 bases, dépendant des forces génétiques liées à l'histoire de la population. Le manque de diversité haplotypique de ces blocs augmente alors la probabilité d'être homozygote pour un même haplotype, ce qui entraine une forte proportion d'individus homozygotes pour tous les SNPs génotypés dans cette région (entre 30 et 70% des individus y sont homozygotes selon Daly et coll. 2001). La Figure 1.3 illustre également la structure complexe du LD. Les scores de LD ne diminuent pas de façon linéaire avec la distance génétique : deux marqueurs peuvent être en déséquilibre complet, et avoir entre eux un marqueur qui ne l'est avec aucun d'entre eux.

CHAPITRE 1

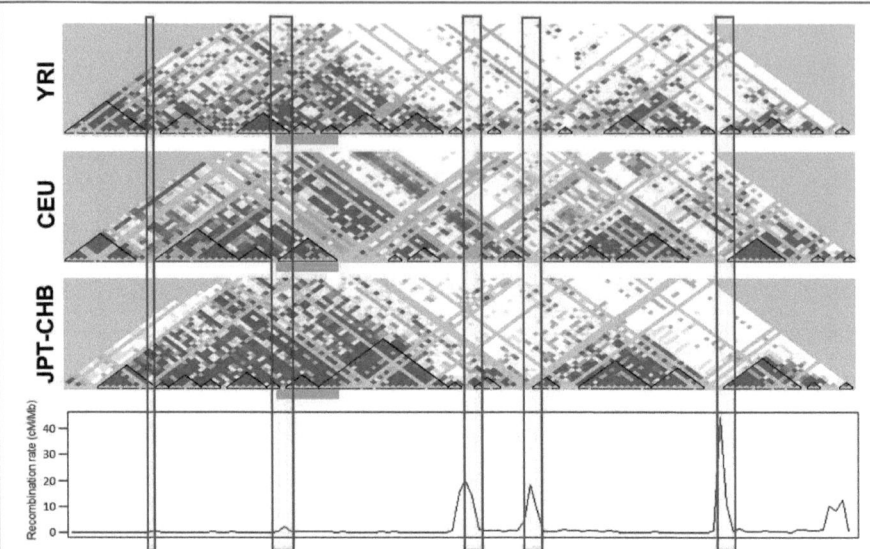

Figure 1.3 : Représentation du déséquilibre de liaison (LD). Ce graphique représente le LD de populations d'origine africaine (YRI), européenne (CEU) et asiatique (JPT-CHB), ainsi que l'intensité de recombinaison (*recombination rate*, en cM par million de bases). La région représentée se situe sur le chromosome 2, mesure un million de bases, et contient le gène de la lactase, ici souligné par une bande claire. Les bandes verticales pointent les points chauds (*hotspots*) de recombinaison (McVean et coll. 2004, Winckler et coll. 2005). Chaque carré montre une mesure de D', plus la valeur est élevée, plus la couleur est foncée (ici atteinte pour |D'| > 0.8). Les triangles illustrent les blocs de LD construit par la méthode des intervalles de confiance (Gabriel et coll. 2002). Ces valeurs ont été calculées pour 122 SNPs, à partir d'haplotypes du panel HapMap II.
Les 3 graphiques de LD ont été générés avec le logiciel Haploview (Barrett et coll. 2005).

1.4.5 Histoire démographique et « niveau » de LD

Le niveau de déséquilibre entre deux locus décroît en fonction de leur distance génétique et des événements de recombinaison ayant eu lieu au cours de l'histoire de la population. De ce fait, plus la fondation d'une population sera récente (voir partie 2.4 pour plus de détails), plus son « niveau » de LD sera élevé. C'est ainsi que, comme on peut l'observer entre les trois premiers points chauds de recombinaison de la Figure 1.3, le « niveau » de LD sera plus élevé chez les populations d'origine asiatique que celles d'origine européenne, et plus basse chez celles d'origine africaine (Reich et coll. 2001). En effet, selon la théorie de la sortie de l'Afrique (ou *out of Africa theory*), l'*homo sapiens* a occupé l'ensemble de l'Afrique il y 150 000 ans, avant que plusieurs « petits » noyaux ne commencent à en sortir il y a 70 000 ans, et à migrer vers l'Europe puis vers l'Asie il y a 40 000 ans. On dit alors que le niveau de LD d'une population augmente en fonction de sa distance avec l'Afrique, ou Addis-Abeba, capitale de l'Ethiopie considérée comme le berceau de l'humanité.

1.5 Les données génétiques

1.5.1 Puces à ADN

Les puces à ADN ont révolutionné l'étude du génome humain. Utilisant des **marqueurs** de SNPs connus comme étant polymorphes dans plusieurs populations, elles permettent de connaitre facilement les génotypes d'un individu. Grâce au progrès des techniques de génotypage haut débit, ces puces sont passées en dix ans de quelques milliers de marqueurs à plus d'un million, tout en diminuant leur coût et temps de génotypage.

Les puces à ADN reposent sur les principes d'hybridation entre brins complémentaires, qui permettent de mesurer à chaque marqueur diallélique une intensité de fluorescence pour ses allèles *a* et *A*. Un algorithme mathématique est ensuite utilisé pour inférer les génotypes possibles (*aa*, *aA* ou *AA*) à partir des intensités de chaque individu de l'échantillon à étudier (Figure 1.4.A). En cas de délétion (perte de matériel génétique sur un chromosome), le génotype sera cependant inféré à tort comme homozygote (Figure 1.4.B). Ainsi de nombreux génotypes homozygotes ne reflètent pas une vraie homozygotie, mais la présence de délétions, dont on estime le nombre à plus de 3×10^5 par individu (The 1000 Genomes Project Consortium 2012). A noter également que cette technique ne permet pas de connaitre l'appartenance des allèles à chaque haplotypes paternels ou maternels.

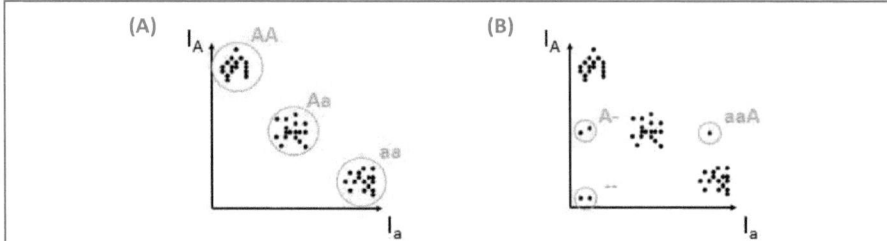

Figure 1.4 : Correspondance entre intensité de fluorescence et génotypes. La figure (A) montre la répartition des intensités dans un cas « idéal ». Dans ce cas-là, un algorithme peut facilement créer trois groupes correspondant aux trois génotypes possibles (*AA*, *Aa* et *aa*). En réalité les génotypes ne se regroupent pas aussi distinctement. La figure (B) montre les positions qu'auraient une délétion (génotype *A-*), une délétion homozygote (génotype *--*), et une amplification (génotype *aaA*).

Les compagnies Affymetrix [www.affymetrix.com] et Illumina [www.illumina.com] proposent avec leurs puces SNP 6.0 et Illumina 1M de génotyper 1 million de SNPs pour moins de 500 €.

1.5.2 Bases de données et annotation des SNPs

Chaque SNP est référencé par un numéro rs (par exemple rs12345678). Tous les SNPs découverts sont référencés par le *National Center for Biotechnology Information* (NCBI) dans la base de données dbSNP [www.ncbi.nlm.nih.gov/SNP/]. A chaque SNP correspond une position physique sur un assemblage du génome de référence. Le dernier en date est le *human genome* 19 (hg19), sorti en février 2009 pour annoter les variants issus de séquençage. L'ensemble des données de cette thèse est annoté dans la version 18 (hg18), utilisée traditionnellement pour annoter les puces SNPs.

Un SNP se caractérise également par la fréquence de ses deux allèles dans une population donnée. Ces fréquences s'estiment à partir des génotypes observés chez des individus non apparentés, et leur précision dépend de la taille de l'échantillon. La fréquence de l'allèle le plus rare, ou mineur, est appelée **MAF** (*Minor Allele Frequency*). Lorsqu'un échantillon est trop petit, les fréquences utilisées sont celles de panels de références. Les plus connus sont les panels HapMap (International HapMap Consortium 2005, 2007, 2010) [hapmap.ncbi.nlm.nih.gov] et HGDP-CEPH (Cann et coll. 2002) [www.cephb.fr/fr/hgdp], proposant pour des centaines d'individus de différentes populations les génotypes de centaines de milliers de SNPs.

La distance entre deux marqueurs peut être calculée à partir de leur position sur le génome de référence. On parle alors de **distance physique**, que l'on exprime en paire de bases (**bp**), kilobases (**kb**) ou mégabases (**Mb**). Cependant, cette distance n'est pas toujours une mesure adéquate de la distance entre deux locus, notamment dans les modèles statistiques où l'on s'intéresse à la probabilité d'observer un enjambement entre ces deux locus. Ainsi, des cartes génétiques du génome humain ont été créées, assignant à chaque SNP une position en cM, permettant de calculer facilement la distance génétique entre n'importe quels marqueurs. Les cartes actuelles ont été estimées soit en observant les enjambements sur de grandes généalogies par l'université de Rutgers (Matise et coll. 2007) [compgen.rutgers.edu/RutgersMap], soit à partir des motifs de LD observés sur des populations d'origine européenne, africaine et asiatique du panel HapMap (McVean et coll. 2004).

2 Principes de génétique des populations

2.1 Consanguinité et homozygotie par descendance

Deux individus sont **apparentés** s'ils ont au moins un ancêtre en commun. La conséquence génétique pour deux apparentés est de pouvoir hériter, à un locus donné, du même allèle de cet ancêtre. On dit alors que les allèles des deux individus sont **identiques par descendance** (ou *identical by decent*, **IBD**). Si deux allèles sont identiques mais sont hérités d'ancêtres différents, on dit qu'ils sont **identiques par état** (ou *identical by state*, **IBS**).

Un individu est dit **consanguin** si ses deux parents sont apparentés. Il est donc possible que cet individu reçoive deux fois le même allèle d'un des ancêtres en commun de ses parents (Figure 1.5.A). Ces allèles, homozygotes et IBD, sont appelés **homozygotes par descendance** (ou *homozygous by decent*, **HBD**) ou autozygotes.

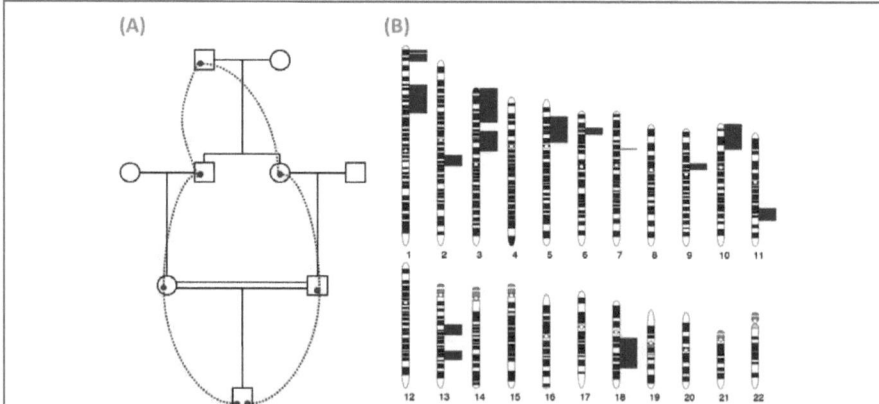

Figure 1.5 : Consanguinité d'un individu issu de cousins germains. La figure (A) montre la généalogie d'un enfant de cousins germains (1C). Les allèles sont identiques par descendance (IBD), et homozygote par descendance (HBD) chez l'individu consanguin. Le coefficient de consanguinité calculé à partir de la généalogie est $f_g = 0.0625$. La figure (B) montre une simulation du génome d'un 1C, avec les régions de son génome HBD. Son coefficient de consanguinité génomique est $f \approx 0.09$.

Pour quantifier le niveau de consanguinité d'un individu, les généticiens utilisent le **coefficient de consanguinité**, qui est définit comme la probabilité que deux allèles à un locus soient IBD (Malécot 1948). Ce coefficient est traditionnellement estimé à partir de la généalogie connue de l'individu. Wright, qui définissait le coefficient de consanguinité f_g comme un coefficient de corrélation entre gamètes (Wright 1922), a montré qu'il était possible de l'estimer par l'analyse des pistes (ou méthode des *path coefficients*) :

$$f_g = \Sigma_{i=1}^{a} \left(\frac{1}{2}\right)^{d_i - 1} (1 + f_g^i),$$

avec a le nombre d'ancêtres en commun des parents, d_i le nombre de méioses entre l'individu et l'$i^{\text{ème}}$ ancêtre, et f_g^i le coefficient de consanguinité du $i^{\text{ème}}$ ancêtre. Par exemple, le coefficient de consanguinité d'un enfant de deux cousins germains (1C) est de :

$$f_{g=1C} = \Sigma_{i=1}^{2} \left(\frac{1}{2}\right)^{6-1} = \left(\frac{1}{2}\right)^{4} = \frac{1}{16},$$

soit en espérance 6.25 % de son génome qui est HBD.

Les locus HBD d'un individu consanguin ne sont pas distribués aléatoirement sur son génome, mais dans des blocs entièrement HBD, que l'on appellera des **segments HBD**, dont la taille et le nombre fluctuent en fonction des processus de recombinaison qui sont intervenus depuis les ancêtres communs (Figure 1.5.B). Ainsi, chaque individu consanguin a une proportion HBD du génome qui lui est propre, et qui reflète le processus de recombinaison depuis les ancêtres communs de ses parents. A partir de maintenant, on définira donc le **coefficient de consanguinité génomique f** d'un individu comme la proportion de son génome qui est HBD, et dont la valeur attendue est f_g.

2.2 Distribution attendue des segments HBD à partir de la généalogie

Deux individus consanguins peuvent se caractériser par le même coefficient de consanguinité f_g, comme les enfants d'un demi-frère et d'une demi-sœur, d'un oncle et d'une nièce, ou de double cousins au premier degré (f_g = 1/8). Cependant, ils se distinguent par une distribution différente de leurs segments HBD (nombre et taille), dont les valeurs attendues peuvent être calculées théoriquement à partir de leur généalogie.

Soit un individu consanguin ayant b ancêtres communs, et le même nombre de méioses d jusqu'à chacun d'entre eux (par exemple b = 2 et d = 6 pour un individu issu de cousins germains). En supposant que le nombre d'enjambements dans un intervalle suit une loi de Poisson, la taille moyenne d'un de ses segments HBD est alors égale à $100/d$ cM. Le nombre de segments HBD est lui égal à $b(rd+c)/2^{d-1}$, avec c le nombre de chromosomes et r la longueur en morgan du génome (Thomas et coll. 1994).

Le nombre de segments HBD est donc proportionnel à la profondeur de la boucle de consanguinité et au nombre d'ancêtres communs. Après plusieurs générations, son nombre attendu peut ainsi être inférieur à 1, puisque certains individus n'auront pas de segments HBD (Table 1.1). Cela signifie donc qu'on peut être considéré comme consanguin par sa généalogie, et non consanguin par son génome (aucun segment HBD). On peut calculer cette probabilité si on note $p(d,t) = e^{-dt/100}$ la probabilité qu'un segment soit plus longs que t cM, et que l'on modélise la distribution du nombre de segments HBD par une loi de Poisson (Thomas et coll. 1994). La probabilité $N_A(n|b,d,t)$ d'observer au moins n segments plus long que t cM est alors de :

$$N_A(n|b,d,t) = \frac{e^{\frac{-b(rd+c)p(d,t)}{2^{d-1}}} \left[\frac{-b(rd+c)p(d,t)}{2^{d-1}}\right]^n}{n!}.$$

Ainsi, la probabilité de n'observer aucun segment HBD chez un individu peut se calculer grâce à $N_A(0|b,d,0)$, la probabilité de n'observer aucun segment HBD supérieur à 0 cM.

	f_g	(b,d)	Nombre de segments HBD	Taille moyenne d'un segment HBD (cM)	Probabilité de n'avoir aucun segment HBD
DG	1/8	(1,4)	20.40	25.00	1.38e-09
AV	1/8	(2,5)	24.81	20.00	1.67e-11
2x1C	1/8	(4,6)	29.22	16.67	2.03e-13
1C	1/16	(2,6)	14.61	16.67	4.51e-07
2C	1/64	(2,8)	4.76	12.50	0.01
3C	1/256	(2,10)	1.46	10.00	0.23
4C	1/1024	(2,12)	0.44	8.33	0.65

Table 1.1 : Distribution attendue des segments HBD en fonction de la généalogie. Le rapport f_g donne le coefficient de consanguinité attendu à partir de la généalogie. Le couple (b,d) donne le nombre b d'ancêtres communs, et le nombre d de méioses jusqu'à chacun d'eux. La dernière colonne de la table donne la probabilité $N_A(0|b,d,0)$ de n'observer aucun segment HBD > 0 cM.
DG = issu d'un demi-frère et d'une demi-sœur ; AV (*avuncular*) = issu d'oncle-nièce ; 2x1C = issu de double cousins au premier degré ; 1C = issu de cousins au 1er degré ; 2C = issu de cousins au 2ème degré ; 3C = issu de cousins au 3ème degré ; 4C = issu de cousins au 4ème degré.
Ces chiffres ont été calculés avec un nombre de chromosomes c = 22, et une longueur du génome r = 35.3 morgans (McVean et coll. 2004).

En France, pour revenir à l'exemple initial, un mariage entre un demi-frère et une demi-sœur est interdit par la loi, celui entre un oncle et une nièce nécessite une dispense du Président de la République (article 163 du Code civil), alors que celui entre deux double cousins au premier degré est autorisé. Cela illustre bien que dans les sociétés occidentales la consanguinité est d'avantage abordée comme de l'inceste qu'assimilée à un problème de santé publique.

2.3 Impact de la consanguinité sur la fréquence des génotypes

Considérons dans cette partie une population d'individus, sans se focaliser sur un de ses membres. Cette population est dite idéale si elle est **panmictique** (les croisements y sont aléatoires), de taille infinie (i.e. absence de dérive génétique), et n'est soumise à aucune force d'évolution, telle la présence de migration, l'apparition de nouvelles mutations, ou la sélection. Sous ces hypothèses, le **modèle d'Hardy-Weinberg** indique qu'il y a une relation entre les fréquences génotypiques et alléliques. Dans le cas d'un locus diallélique, présentant les allèles A et a de fréquences p_A et $p_a = 1-p_A$, les fréquences génotypiques p_{AA}, p_{aA} et p_{aa} s'écrivent :

$$\begin{cases} p_{AA} = p_A^2 \\ p_{aA} = 2.p_a.p_A. \\ p_{aa} = p_a^2 \end{cases}$$

Dans le cas d'une **population consanguine**, où les unions se font de manière non aléatoire, les proportions génotypiques sont modifiées. On observe alors une augmentation du nombre de génotypes homozygotes (Wright 1951):

$$\begin{cases} p_{AA} = (1-F).p_A^2 + F.p_A = p_A^2 \quad +F.p_a.p_A \\ p_{aA} = (1-F).2.p_a.p_A \quad\quad = 2.p_a.p_A - F.2.p_a.p_A, \\ p_{aa} = (1-F).p_a^2 + F.p_a = p_a^2 \quad +F.p_a.p_A \end{cases}$$

avec F le coefficient moyen de consanguinité de cette population, calculé comme étant la moyenne des coefficients de consanguinité de l'ensemble de ses individus.

Notons cependant que les fréquences des deux allèles restent p_a et p_A : la consanguinité ne joue pas sur les fréquences des allèles, mais uniquement sur la répartition des allèles entre individus, i.e. elle modifie les fréquences génotypiques.

2.4 Qu'est-ce qu'un ancêtre commun ?

Malgré toutes les définitions venant d'être données, celles d'apparentement et d'ancêtre commun restent imprécises. Tout d'abord, on constate que plus on remonte dans le passé, plus on a d'ancêtres : nous avons 2 parents, 4 grands-parents, 8 arrière-grands-parents, et ainsi de suite. En suivant cette logique, on atteindrait une génération pour laquelle notre nombre d'ancêtres serait supérieur au nombre d'habitants de la Terre à cette époque. Cela nous imposerait donc d'être apparentés avec n'importe quel individu, et cela ferait de chacun de nous des individus consanguins. Ensuite, d'un point de vue génétique, si l'on considère Adam et Eve comme nos ancêtres communs, tous les êtres humains seraient alors apparentés, et toutes les paires d'allèles dérivés (i.e. différents de ceux du chimpanzé) seraient IBD.

On en vient alors à se poser la question suivante : jusqu'à combien de générations dans le passé doit-on remonter pour trouver un ancêtre commun ? Cette question impose de définir une **population fondatrice** fournissant l'ensemble de tous les plus vieux ancêtres en commun possibles. C'est cette population fondatrice qui définit alors le concept d'identité par descendance. En partant d'un scénario d'histoire démographique simple, supposant l'absence de recombinaison, de sélection, et de mélange de populations, la Figure 1.6 illustre le lien entre population fondatrice et identité par descendance.

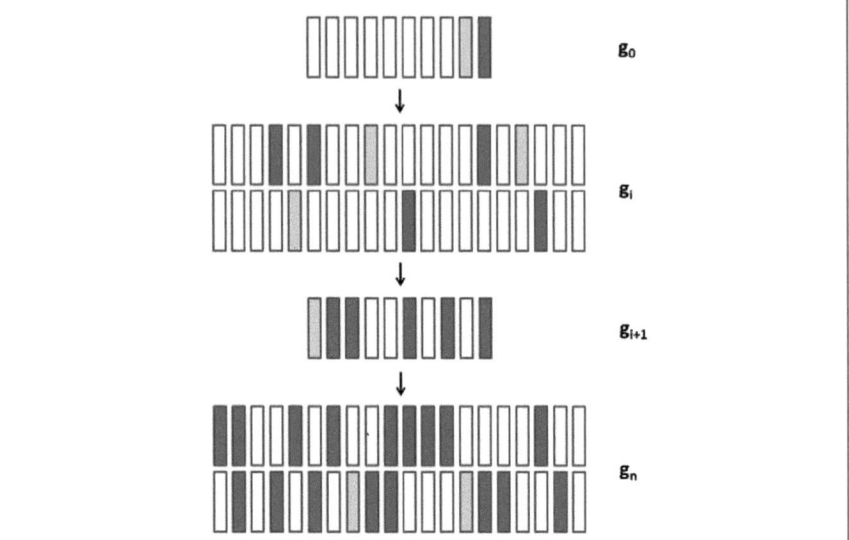

Figure 1.6 : Illustration du concept d'identité par descendance en fonction de la population fondatrice. Cette figure montre l'évolution de deux haplotypes (clair et foncé) dans une population, en supposant l'absence de recombinaison, de sélection et de migration. Lors de la fondation de la population, à g_0, ces deux haplotypes sont uniques. Après une expansion démographique, ces deux haplotypes se répandent. Entre g_i et g_{i+1}, la population subit un goulot d'étranglement, ne sélectionnant qu'un haplotype clair, et 5 haplotypes foncés. Après une expansion démographique, on observe à g_n la population actuelle. Si on considère que sa population fondatrice est celle de g_0, alors tous les haplotypes clairs y sont IBD, ainsi que tous les haplotypes foncés. Si on considère cependant que sa population fondatrice est celle de g_{i+1}, tous les haplotypes clairs y sont encore IBD, mais à moins de connaitre les généalogies entre g_{i+1} et g_n, il est impossible de dire si deux haplotypes foncés sont IBD.

Dans une généalogie, la notion d'ancêtre commun se limite à la connaissance de la généalogie et reste donc partielle, dépendante de la profondeur de cette généalogie. Les fondateurs, c'est-à-dire les individus dont on ne connait pas les parents, forment alors une population fondatrice naturelle mais limitée (les fondateurs pouvant être apparentés). En pratique, il est difficile de définir la population fondatrice, cette population étant seulement conceptuelle. Une solution souvent proposée dans la littérature est de la définir par rapport à un nombre de générations dans le passé. Il n'existe cependant aucun consensus pour choisir ce nombre de générations qui varie selon les études : 5 (Keller et coll. 2011), 20 ou 50 (Howrigan et coll. 2011), 100 (Browning 2008) et 200 (Brown et coll. 2012). En réalité, fixer arbitrairement un nombre de générations n'est pas suffisant pour définir la population fondatrice puisqu'il faut également tenir compte de l'histoire démographique de la population étudiée comme nous avons pu le montrer sur la Figure 1.6. Or, cette histoire démographique est souvent mal connue et c'est là toute la difficulté de définir la notion d'ancêtre commun.

2.5 Homozygotie observée dans les populations générales

Le cadre de cette thèse est l'étude des **populations générales**, qui sont supposées panmictiques mais où l'on peut quand même s'attendre à observer un faible taux d'individus consanguins.

Grâce à la récente possibilité de génotyper à moindre coût un grand nombre d'individus, de nombreuses équipes ont pu étudier le génome de populations générales, et plus particulièrement la distribution de leur homozygotie sur le génome. Pour cela, elles ont cherché à détecter des régions d'homozygotie (ou *runs of homozygosity*, **ROHs**), i.e. des régions où tous les marqueurs d'un individu sont homozygotes. Ces régions homozygotes peuvent être dues à la présence d'un haplotype fréquent en population, i.e. au LD (partie 1.4), à des délétions (partie 1.5.1) ou à la consanguinité (partie 2.1). Les segments HBD étant longs en moyenne (Table 1.1), on s'attend donc à ce que les plus longs ROHs soient dus à la consanguinité.

De nombreuses études ont ainsi montré que les régions d'homozygotie dans les populations générales étaient plus nombreuses et plus longues que ce à quoi on s'attendait. Tout d'abord, elles ont observé de très longs ROHs, i.e. supérieurs à 5 Mb (Broman et Weber 1999, Gibson et coll. 2006, McQuillan et coll. 2008, Auton et coll. 2009, Kirin et coll. 2010, Pemberton et coll. 2012), confirmant ainsi la présence d'individus consanguins dans ces populations. Il a également été observé que plus de 13 % du génome des individus d'origine européenne se situe dans des ROHs supérieur à 100 kb (International HapMap Consortium 2007), et que les ROHs de 500 kb à 1 500 kb sont fréquents chez l'ensemble de ces individus (Gibson et coll. 2006, McQuillan et coll. 2008). Enfin, il a été montré que la distribution des ROHs n'est pas aléatoire sur l'ensemble du génome : il existe plusieurs régions où l'on observe fréquemment des ROHs de plus de 1 000 kb. Ces régions sont associées à un faible taux de recombinaison et pourraient être des régions du génome qui ont été soumises à une sélection positive récente (Pemberton et coll. 2012). La distribution des ROHs varie également en fonction de l'origine de la population (McQuillan et coll. 2008, Auton et coll. 2009, Kirin et coll. 2010, Pemberton et coll. 2012) : tout comme le niveau de LD augmente pour les populations de fondation récente, les ROHs sont plus nombreux et plus grands dans ces populations. En effet, le LD diminue la diversité haplotypique et augmente donc la probabilité d'observer un ROH.

3 Principes de génétique épidémiologique

On sait désormais que la majorité des maladies humaines a une composante génétique (Lander et Schork 1994). La **génétique épidémiologique** est la science étudiant le rôle de cette composante dans des familles et au sein de populations, et son interaction avec des facteurs environnementaux.

Parmi les composantes génétiques impliquées dans les maladies humaines, l'une d'entre elles est la simple présence d'un allèle à un locus. Lorsque la présence d'un seul allèle confère un risque de développer la maladie (présence des génotypes *Aa* ou *aa*, ou *a* l'allèle à risque) on parle d'allèle à effet **dominant**. Lorsque la présence des deux allèles au même locus confère un risque de développer la maladie (présence du génotype *aa*), on parle d'allèle à effet **récessif**. Ce risque et ces deux modèles génétiques peuvent se résumer par les **pénétrances**, probabilités d'être atteint en présence des différents génotypes : $P(\text{atteint}|AA)$, $P(\text{atteint}|Aa)$, et $P(\text{atteint}|aa)$. Lorsque la présence de cet allèle n'implique pas automatiquement la présence de la maladie ($P(\text{atteint}|Aa) \neq 1$, et $P(\text{atteint}|aa) \neq 1$), on parle de **pénétrances incomplètes**. Enfin, on parle de **phénocopie** lorsqu'il est possible d'être atteint sans porter le génotype à risque ($P(\text{atteint}|AA) \neq 0$).

On distingue deux types de maladies : les maladies monogéniques et les maladies multifactorielles. Chacune a ses spécificités (Table 1.2), et différentes méthodes statistiques ont été développées pour en identifier les gènes ou les variants impliqués. Pour les premières, ces méthodes utiliseront des familles afin de localiser des gènes liés à la maladie. Pour les secondes, elles utiliseront, sauf cas particuliers, des échantillons cas-témoins afin d'identifier des variants de susceptibilité.

	Monogénique	Multifactorielle
Fréquence de la maladie dans les populations	Rare	Moyenne / élevée
Nombre de gènes impliqués dans le développement la maladie	Un	Plusieurs en interaction
Pénétrance	Forte	Faible (Sauf pour formes héréditaires)
Agrégation familiale	Forte	Faible (Sauf pour formes héréditaires)
Effet de l'environnement	Faible	Moyen / important

Table 1.2 : Différences entre maladies monogéniques et multifactorielles.

3.1 Maladies monogéniques

Les **maladies monogéniques**, ou maladies mendéliennes, sont dues à la présence d'une mutation dans un gène. Différentes mutations de ce gène sont impliquées dans la maladie, et ont dans la plupart des cas une pénétrance élevée. Bien qu'il s'agisse principalement de maladies rares, on estime leur nombre à 6 000, et affectant un enfant sur 100 [www.inserm.fr/dossiers-d-information/maladie-monogenique].

La localisation du gène impliqué se fait traditionnellement par le biais de familles, dans lesquelles on cherche des régions du génome ségrégant avec la maladie. Cette méthode de localisation se nomme l'**analyse de liaison** (ou *linkage analysis*) car testant une liaison génétique entre chaque marqueur disponible et le locus portant la mutation recherchée. Une fois une région de liaison détectée, l'identification de la mutation se fait par séquençage.

3.1.1 Le test du LOD score

Le test le plus utilisé est celui du **LOD score** (Morton 1955). Son principe revient à comparer, pour un marqueur et le locus portant la mutation recherchée dans une famille i, la vraisemblance L_i que le taux de recombinaison θ soit égal à une valeur x différente de 0.5, à la vraisemblance qu'il n'y ait pas de liaison génétique, i.e. L_i (θ = 0.5) :

$$LOD_i(x) = log_{10} \frac{L_i(\theta=x)}{L_i(\theta=0.5)}.$$

Pour un échantillon de n familles indépendantes, le LOD score se calcule en sommant le LOD score de chaque famille :

$$LOD(x) = \sum_{i=1}^{n} LOD_i(x).$$

Si on suppose l'absence de recombinaisons dans le gène impliqué dans la maladie, ce calcul permet de prendre en compte l'**hétérogénéité allélique**, i.e. la possibilité que différentes mutations du même gène soient impliquées dans différentes familles.

Traditionnellement, on conclut à une liaison quand le LOD score est supérieur à 3, i.e. quand la probabilité d'être lié est 1 000 fois plus grande que d'être non lié, et on rejette la liaison quand il est inférieur à -2 (Morton 1955), i.e. quand la probabilité d'être non lié est 100 fois plus grande que d'être lié. Entre ces deux seuils, on ne peut tirer aucune conclusion et le recrutement de nouvelles familles est nécessaire.

Ce type d'analyse est dite dépendante du modèle génétique (ou *model dependant*), car dépendante de la fréquence de l'allèle muté, souvent fixé à une valeur très faible dû à la rareté des maladies monogéniques, et des pénétrances des génotypes au locus maladie. Enfin, il est à noter que le LOD score dépend également des fréquences alléliques aux marqueurs si un fondateur d'une famille ne possède pas de données génétiques.

3.1.2 L'hétérogénéité génétique

Le LOD score est cependant inadapté en présence d'**hétérogénéité génétique**, lorsque plusieurs gènes peuvent être responsables de la maladie. Smith a proposé un LOD score prenant en compte cette hétérogénéité, le **HLOD score** (Smith 1963), qui suppose que la liaison n'existe que dans une partie α des familles étudiées :

$$HLOD(x) = \max_\alpha HLOD(x, \alpha),$$

avec

$$HLOD(x, \alpha) = \sum_{i=1}^{n} HLOD_i(x, \alpha) = \sum_{i=1}^{n} log_{10}\big(\alpha.L_i(\theta = x) + (1 - \alpha).L_i(\theta = 0.5)\big).$$

3.1.3 Algorithmes multipoints

Les premières analyses de liaison se sont faites à partir de données microsatellites, extrêmement informatives. Il était alors facile de suivre la transmission des différents allèles. Dans ce cas, le calcul du LOD score peut se faire indépendamment à chaque marqueur, en faisant varier le taux de recombinaison x entre le marqueur et le locus portant la mutation de 0 à 0.5.

Les analyses de liaison multipoints ont ensuite été développées (Elston et Stewart 1971), prenant en compte la dépendance et les distances génétiques de quelques marqueurs adjacents afin de mieux localiser les enjambements. Des algorithmes utilisant des chaines de Markov cachées (Lander et Green 1987) sont ensuite apparus, permettant l'analyse de chromosomes entiers. Ces algorithmes permettent ainsi de réaliser l'analyse de liaison avec des SNPs qui, pris un à un, apportent peu d'information sur la transmission des différents allèles. Les logiciels d'analyses de liaison multipoints, comme Merlin (Abecasis et coll. 2002), permettent ainsi de calculer le LOD score à chaque marqueur, en prenant en compte l'information de l'ensemble du chromosome.

3.1.4 Consanguinité, maladies rares, et cartographie par homozygotie

Comme vu précédemment, la conséquence génétique de la consanguinité est de recevoir deux allèles du même ancêtre. Ceci peut avoir de lourdes conséquences si l'allèle en question est une mutation récessive conférant un risque élevé de maladie.

Reprenant l'observation que la fréquence des individus consanguins est élevée parmi ceux atteints de maladies récessives rares (Garrod 1902), Lander et Botstein (1987) ont proposé d'utiliser des familles consanguines dans les analyses de liaison, afin de localiser les gènes impliqués dans ces maladies. L'avantage de cette approche, par rapport à une analyse de liaison classique, est qu'elle permet d'exploiter l'information apportée par un seul malade consanguin, et ne se heurte pas à la difficulté de trouver des grandes familles informatives. De plus, un individu atteint issu de cousins germains apporte le même LOD score qu'une famille nucléaire avec trois enfants atteints. Cette méthode de cartographie par homozygotie (ou *homozygosity mapping*) a ainsi permis l'identification de gènes impliqués dans de nombreuses maladies.

Le principe de cette approche est de localiser une région du génome avec une accumulation de cas HBD, les régions HBD étant susceptibles de porter l'allèle muté. On désigne par HMLOD le LOD score de la cartographie par homozygotie. Sa valeur attendue au locus maladie pour un individu atteint i ayant un coefficient de consanguinité f_g^i est $log_{10}(1/f_g^i)$. On remarque donc que plus un atteint consanguin a un coefficient de consanguinité f_g petit, plus il sera informatif.

On observe également que cette méthode nécessite le génotypage de moins d'individus qu'une analyse de liaison classique. Dans le cas d'un atteint issu de cousin germains, on a par exemple une valeur de HMLOD score au locus maladie égale à $log_{10}(16) = 1.2$, ce qui est équivalent au LOD score d'une famille avec 3 germains atteints.

Nous verrons plus loin dans cette thèse comment inclure le coefficient de consanguinité génomique *f* dans le HMLOD score, pour augmenter la puissance de cette stratégie, et pour pallier le problème des généalogies erronées ou inconnues.

3.2 Maladies multifactorielles

Lorsqu'une maladie présente plusieurs facteurs génétiques et environnementaux, on parle alors de **maladie multifactorielle**. Les maladies les plus communes, tels les cancers, les maladies auto-immunes, ou la maladie d'Alzheimer en font partie. Cette dernière servira également d'exemple pour illustrer les différents points de cette partie, et sera étudiée dans le chapitre 4.

Si dans le cadre des maladies monogéniques on cherche à identifier un gène présentant des mutations à forte pénétrance, dans celui des maladies multifactorielles on cherchera à identifier des **variants** conférant une **susceptibilité** à la maladie, sans être nécessaires ni suffisants. Les paramètres du modèle génétique de ces variants n'étant pas connu, il n'est pas possible d'utiliser la méthode des LOD score. C'est pour cela que les études génétiques des maladies multifactorielles se font principalement sur des jeux de données cas-témoins.

Différents types de variants ont déjà été identifiés comme impliqués dans les maladies multifactorielles, et on peut les catégoriser en fonction de leur fréquence et de leur pénétrance (Figure 1.7).

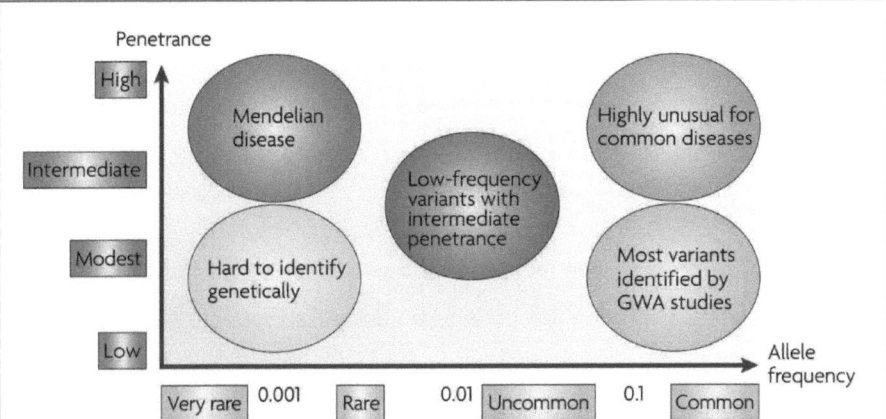

Figure 1.7 : Une représentation des différents types de variants impliqués dans les maladies multifactorielles. On peut catégoriser ces variants en fonction de leur fréquence et de leur pénétrance. On y distingue les variants de susceptibilité (variants rares ou fréquents avec pénétrance incomplète), et les formes mendéliennes (variants avec fréquence très faible et pénétrance complète).
A ce jour (février 2014), 28 gènes ont été identifiés comme étant impliqués dans la maladie d'Alzheimer : 3 gènes portant des variants de la catégorie *Mendelian disease* (APP, PSEN1 et PSEN2) ; 1 gène portant des variants de la catégorie *Highly unusual for common diseases* (APOE) ; 2 gènes portant des variants des catégories *Hard to identify genetically* et *Low-frequency variants with intermediate penetrance* (TREM2 et PLD3) ; 22 gènes portant des variants de la catégorie *Most variants identified by GWA study* (CR1, BIN1, INPP5D, MEF2C, HLA-DRB5, CD2AP, NME8, ZCWPW1, EPHA1, PTK2B, CLU, CELF1, MS4, PICALM, SORL1, FERMT2, SLC24A4, ABCA7 et CASS4 confirmés par Lambert et coll. en 2013 + MAPT, DSG2 et CD33 identifiés par d'autres études).
Image tirée de McCarthy et coll. (2008).

3.2.1 Mesure du risque d'un variant génétique

Plutôt que de mesurer le risque d'un variant de susceptibilité par les pénétrances de ses génotypes, par définition tous faibles, on préférera utiliser un **rapport des cotes** (ou *odd-ratio*, **OR**), mesure commune en épidémiologie.

L'OR est la probabilité d'être atteint quand un facteur de risque est présent, divisé par la probabilité d'être atteint quand ce facteur de risque n'est pas présent. Dans un échantillon cas-témoins, on le mesure comme ceci :

CHAPITRE 1

$$OR = \frac{cas^+/témoin^+}{cas^-/témoin^-} = \frac{cas^+ témoin^-}{cas^- témoin^+},$$

avec *cas⁺* (resp. *témoin⁺*) le nombre de cas (resp. témoin) portant le facteur de risque, et *cas⁻* (resp. *témoin⁻*) le nombre de cas (resp. témoin) ne portant pas le facteur de risque.

Pour mesurer l'OR d'un facteur de risque en prenant en compte l'effet de plusieurs variables (comme l'âge ou le sexe), on utilise souvent une **régression logistique**. Une transformation *logit* est alors utilisée pour exprimer la probabilité d'être atteint comme une fonction linéaire de variables $X = (X_1, X_2, ..., X_k)$:

$$logit(P(atteint|X)) = ln\left(\frac{P(atteint|X)}{1-P(atteint|X)}\right) = \beta_0 + \sum_{i=1}^{k} \beta_i X_i,$$

avec β_i les paramètres explicatifs du modèle, que l'on peut estimer par maximum de vraisemblance. L'OR de chaque variable peut alors s'obtenir grâce aux équivalences $\beta = \ln(OR)$ et $OR = e^\beta$. Pour tester l'**association** de la variable X_1 avec la maladie, i.e. tester si $\beta_1 \neq 0$ ou si son OR $\neq 1$, on peut utiliser un test du maximum de vraisemblance comparant les vraisemblances *L₁* et *L₂* des deux modèles suivants :

Modèle 1 : $logit(P) = \beta_0 + \sum_{i=2}^{k} \beta_i X_i,$

Modèle 2 : $logit(P) = \beta_0 + \beta_1 X_1 + \sum_{i=2}^{k} \beta_i X_i,$

avec $2ln\left(\frac{L_2}{L_1}\right)$ suivant un χ^2 à un degré de liberté.

En génétique épidémiologique, le facteur de risque est un SNP, que l'on code en fonction du modèle génétique à tester. Pour un modèle dominant et récessif, on codera la présence des génotypes à risque en 1, et les autres en 0. Par exemple, si l'on note *A* le variant fréquent et *a* l'allèle rare, alors pour un modèle dominant on code le génotype *AA* en 0, et les génotypes *Aa* et *aa* en 1, et pour un modèle récessif on code les génotypes *AA* et *Aa* en 0, et le génotype *aa* en 1. Cependant, le modèle le plus utilisé en génétique épidémiologique est le **modèle additif**, où l'on code les génotypes en fonction de leur nombre d'allèles rares, i.e. on code le génotype *AA* en 0, le génotype *Aa* en 1, et le génotype *aa* en 2.

A noter qu'en supposant une fréquence faible de la maladie, la relation entre les pénétrances et l'OR d'un modèle additif peut s'écrire comme ceci : $P(\text{atteint}|AA) \times OR^2 \approx P(\text{atteint}|Aa) \times OR \approx P(\text{atteint}|aa)$.

3.2.2 Etudes d'association pangénomique (GWAS)

Partant du principe que les maladies multifactorielles sont fréquentes, les généticiens ont développé l'hypothèse que le déterminisme génétique de ces maladies est attribuable à des variants fréquents, i.e. présents dans plus de 1 à 5 % de la population. Grâce au développement des puces à ADN, des centaines de milliers de variants fréquents ont pu être génotypés sur des milliers de cas et de témoins de la même population, afin de tester leur association avec une maladie, sans aucun *a priori* sur l'identité des gènes impliqués. Ceci a donné lieu en 2005 à la première étude d'association pangénomique (ou *genome-wide association studies*, **GWAS**) sur la dégénérescence maculaire liée à l'âge (Klein et coll. 2005). Depuis, de nombreuses GWAS ont permis l'identification de centaines de variants associés, avec un effet modeste (OR < 1.5), à des maladies multifactorielles. Une hypothèse de cette approche est que si un variant de susceptibilité n'est pas présent sur une puce SNPs (génotypant de 0.5 à 1 million de SNPs sur les 38 millions connus), on peut néanmoins l'identifier en observant un signal d'association sur un variant génotypé avec qui il est en fort LD.

Dans des cas assez rares, certains variants peuvent avoir un effet très fort. Par exemple, les porteurs hétérozygotes de l'allèle E4 du gène APOE (fréquence de 15 % dans la population), ont un risque 3 fois plus grand de développer la maladie d'Alzheimer ; les porteurs homozygotes l'ont 11 fois plus (Strittmatter et coll. 1993, Farrer et coll. 1997, Genin et coll. 2011).

Dans le cas de la maladie d'Alzheimer, hormis le gène APOE, on compte aujourd'hui 22 gènes de susceptibilité : 19 validés par Lambert et coll. (2013), et MAPT, DSG2 et CD33 identifiés par d'autres études.

3.2.3 Variants rares et maladies multifactorielles

Le développement des techniques de séquençage permet désormais aux chercheurs de s'intéresser à l'association de variants plus rares, et de tester ainsi l'impact de l'accumulation de ces variants (Cohen et coll. 2004). Bien que de nombreux développements méthodologiques soient en cours (Bansal et coll. 2010), peu de gènes ont pour l'instant ainsi été identifiés. Dans le cas de la maladie d'Alzheimer, deux gènes ont récemment été découverts : un seul variant rare du gène TREM2 (Guerreiro et coll. 2013, Jonsson et coll. 2013) et plusieurs variants rares du gène PLD3 (Cruchaga et coll. 2014) confèrent un risque 3 fois plus grand de développer la maladie.

Enfin, on notera qu'il existe pour certaines maladies multifactorielles des formes héréditaires, ou mendéliennes, de la maladie. Elles se traduisent souvent par un phénotype plus sévère. Les gènes impliqués dans cette forme héréditaire sont localisables par des études familiales, comme décrites dans la partie 3.1. Dans le cas de la maladie d'Alzheimer, on estime que la maladie est héréditaire avec début précoce pour 1 % des patients. Trois gènes, dont certaines mutations ont un effet dominant avec une pénétrance complète, ont été identifiés : APP (Goate et coll. 1991), PSEN1 (Sherrington et coll. 1995) et PSEN2 (Levy-Lahad et coll. 1995, Rogaev et coll. 1995).

3.2.4 Autres perspectives pour l'étude génétique des maladies multifactorielles

Des centaines de variants impliqués dans des maladies multifactorielles ont été découverts, principalement par les GWAS. Cependant, pris conjointement, ils ne permettent d'expliquer qu'une part limitée de la variabilité génétique de ces maladies. La première raison que l'on pointe est le manque de puissance des GWAS (Manolio et coll. 2009). Le nombre très important de tests, autour du million, impose un seuil de significativité à 5×10^{-8} après correction de Bonferroni. Ce seuil peut ne pas être atteint par un variant commun avec un effet faible, ou un variant rare avec un effet fort, impliqué dans la maladie. Une solution pour augmenter la puissance des tests est d'augmenter la taille des échantillons. De nombreuses équipes, possédant des données GWAS de la même maladie, les combinent ainsi dans de grandes méta-analyses. Dans le cas de la maladie d'Alzheimer, la dernière méta-analyse a regroupé 25 580 cas et 48 466 témoins et identifié 11 nouveaux gènes (Lambert et coll. 2013).

Une autre raison est le modèle génétique assez simpliste des GWAS, qui testent indépendamment l'implication de chaque marqueur dans la maladie. Il est évident que l'architecture génétique des maladies est plus complexe. Plusieurs variants, appartenant au même gène ou à la même voie métabolique (ou *pathway*, ensemble de gènes partageant des fonctions biologiques connues) peuvent être impliqués dans la maladie. De nombreuses méthodes sont actuellement proposées pour tester l'ensemble des variants d'un gène ou d'une voie métabolique, en tenant éventuellement compte des interactions entre eux ou avec l'environnement.

Enfin, la grande partie des gènes découverts par les GWAS l'ont été par un modèle log-additif, modèle qui conserve une bonne puissance de détection des effets dominants, mais qui perd en puissance pour les effets récessifs (Lettre et coll. 2007). Il se peut donc que des variants de susceptibilité avec effet récessif n'aient pas été détectés. De plus, il est également plus rare d'observer des formes héréditaires récessives, les atteints n'étant observable qu'à une seule génération. C'est cette difficulté à identifier des effets récessifs qui sera étudiée dans le dernier chapitre de cette thèse.

CHAPITRE 2 - ESTIMATION DE LA CONSANGUINITE EN PRESENCE DE DESEQUILIBRE DE LIAISON

Nous venons de voir que la consanguinité est un paramètre central de la génétique. En génétique des populations, le coefficient de consanguinité sert à caractériser la structure des populations. En génétique épidémiologique, la détection des segments HBD sert à localiser des mutations récessives en double copies. Classiquement obtenus à l'aide de généalogies, de nombreuses méthodes ont été développées pour obtenir ces informations directement à partir des marqueurs génétiques répartis sur l'ensemble du génome d'un individu.

Le but de ce chapitre est donc de détailler les méthodes existantes permettant d'estimer le coefficient de consanguinité génomique f et de détecter les régions HBD d'un individu dont on ne connait pas la généalogie.

CHAPITRE 2

1 Estimateurs simple-points

Les estimateurs simple-points, basés sur les fréquences alléliques, sont les premiers à avoir été proposés pour estimer le coefficient de consanguinité d'un individu à partir de ses données génétiques (Ritland 1996). Quatre estimateurs différents sont disponibles dans des logiciels couramment utilisés.

1.1 Estimateur simple-points de PLINK

Le premier estimateur, disponible grâce à l'option --het du logiciel PLINK (Purcell et coll. 2007), est basé sur l'excès d'homozygotie du génome dû à la consanguinité. Soit O le nombre observé de marqueurs homozygotes d'un individu, alors on peut écrire $O = fN + (1 - f)E$, avec N le nombre total de marqueurs, et E le nombre attendu de marqueurs homozygotes. On peut ainsi déduire l'estimateur suivant :

$$f_{PLINK} = \frac{O-E}{N-E}.$$

Plutôt que de considérer les proportions d'Hardy-Weinberg pour estimer E, PLINK dit utiliser l'estimateur de Nei et Roychoudhury (1974), permettant d'en avoir une estimation non biaisée :

$$E = \sum_{k=1}^{N}\left[1 - 2p_k(1 - p_k)\frac{T_k}{T_k-1}\right],$$

où p_k est la fréquence de l'allèle de référence et T_k est deux fois le nombre de génotypes observés au marqueur k (2 fois le nombre d'individus si aucune donnée manquante). Cependant, durant la réalisation de cette thèse, nous nous sommes rendu compte qu'une erreur de programmation dans la dernière version disponible de PLINK (1.07) ne prenait pas en compte cette correction. Les résultats de PLINK dans ce manuscrit comporteront donc cette erreur.

A noter qu'en posant Y_k le génotype codé comme le nombre d'allèle de référence pour le $k^{ième}$ SNP, $h_k = 2p_k(1-p_k)$ l'hétérozygotie attendue, et $Y_k(2-Y_k)$ la variable étant égale à 1 si Y_k est hétérozygote, et 0 si elle est homozygote, alors on peut écrire :

$$f_{PLINK} = \frac{O-E}{N-E} = 1 - \frac{N-O}{N-E} = 1 - \frac{\sum_{k=1}^{N}[Y_k(2-Y_k)]}{\sum_{k=1}^{N}\left[h_k\frac{T_k}{T_k-1}\right]}.$$

1.2 Estimateurs simple-points de GCTA

Les trois autres estimateurs sont disponibles via l'option *--ibc* du logiciel GCTA (*Genome-wide Complex Trait Analysis*) (Yang et coll. 2011b). Le premier, GTCA1, est basé sur la variance des génotypes recodés 0/1/2 (recodage dit additif). Cette estimation est équivalente à la diagonale de la matrice de covariance utilisée lors d'une analyse en composantes principales. Le second, GCTA2, est basé sur l'excès d'homozygotie, comme l'estimateur de PLINK. Le dernier, GCTA3, utilise la définition initiale du coefficient de consanguinité proposé par Wright en 1922, et calcule la corrélation entre les gamètes (ou *uniting gametes*) (Yang et coll. 2010). Ces estimateurs sont basés sur les formules suivantes :

$$f_{GCTA1} = \frac{1}{N}\sum_{k=1}^{N}\frac{(Y_k - 2p_k)^2}{h_k} - 1,$$

$$f_{GCTA2} = 1 - \frac{1}{N}\sum_{k=1}^{N}\frac{Y_k(2-Y_k)}{h_k},$$

$$f_{GCTA3} = \frac{1}{N}\sum_{k=1}^{N}\frac{Y_k^2 - (1+2p_k)Y_k + 2p_k^2}{h_k}.$$

Notons que GCTA2 et PLINK sont toutes deux basées sur l'excès homozygotie mais ne sont pas identiques, contrairement à ce qui est écrit dans la documentation de GCTA. Mis à part le fait que f_{PLINK} utilise la correction de Nei et Roychoudhury, il s'agit d'un rapport de sommes, tandis que f_{GCTA2} est une somme de rapports.

2 Régions d'homozygotie

Pour avoir une estimation de f moins sensible aux fréquences alléliques, on peut se servir du fait que les allèles HBD d'un individu se trouvent dans des segments HBD. Ces segments peuvent être identifiés sur le génome en recherchant des régions d'homozygotie (ou *runs of homozygosity*, ROHs) dépassant une longueur donnée. En effet, comme vu dans la partie 2.3.2 du chapitre 1, tous les ROHs ne sont pas forcément des segments HBD, puisque quelques ROHs, qui sont généralement parmi les plus courts, peuvent exister en raison du LD (Sabatti et Risch 2002). En se concentrant sur les ROHs dont la longueur est supérieure à un seuil donné, on peut être sûr qu'il s'agisse de segments HBD et estimer f comme la proportion du génome qu'ils couvrent (McQuillan et coll. 2008). Bien que plusieurs études aient utilisé les ROHs pour quantifier l'homozygotie d'individus, seuls McQuillan et coll. les ont utilisés pour estimer le coefficient de consanguinité, en choisissant un seuil de taille de 1 500 kb. Cependant d'autres seuils ont été proposés, et pourraient être intéressants pour estimer f.

2.1 Seuils en distance physique

Le seuil le plus couramment utilisé est celui par défaut de l'option --*homozyg* de PLINK. PLINK détecte les ROHs en utilisant une fenêtre glissante sur le génome d'un individu. La détection se fait en deux étapes : d'abord les SNPs qui sont susceptibles d'être dans ROH sont identifiés comme ceux recouverts par au moins 5 % de fenêtres de 50 SNPs entièrement homozygotes (tout en acceptant 1 hétérozygote et 5 marqueurs manquants dans chaque fenêtre). Si au moins 100 de ces SNPs sélectionnés sont consécutifs et s'étendent sur plus de 1 000 kb avec au moins 1 SNP tous les 50 kb, alors ils forment un ROH qui est ensuite rapporté. Les seuils de 1 000 kb (Gibson et coll. 2006, Nalls et coll. 2009a, Nalls et coll. 2009b), 100 SNPs (Lencz et coll. 2007) ou les deux (Nothnagel et coll. 2010) ont été largement utilisés pour détecter des ROHs. Un seuil de 1 500 kb a également été suggéré pour les populations européennes, où certaines régions de LD excédant 1 000 kb sont observées (McQuillan et coll. 2008, Kirin et coll. 2010). Ce seuil est disponible avec l'option de PLINK *--homozyg --homozyg-kb 1500* qui change seulement le seuil de longueur minimale de 1 000 kb à 1 500 kb.

2.2 Seuils en distance génétique

Un seuil de longueur de 1 cM a également été proposé par Auton et coll. (2009) et est implémenté par défaut dans le logiciel GERMLINE (Gusev et coll. 2009). Comme il n'est pas possible de définir un seuil en distance génétique avec PLINK, ces ROHs peuvent être obtenus en remplaçant dans un fichier d'entrée map (ou bim) la colonne fournissant les positions physiques par les positions génétiques en cM (obtenus sur le site de l'université de Rutgers ou d'HapMap, voir paragraphe 1.5.2 du chapitre 1) multipliées par 10^6 pour rester dans le même ordre de grandeur que les paires de bases. Ainsi l'option par défaut de PLINK permet d'avoir un seuil de longueur de 1 cM et au moins un SNP tous les 0.05 cM.

2.3 Seuils d'Howrigan et coll.

Howrigan et coll. (2011) ont proposé d'utiliser des seuils en nombre de marqueurs (et donc d'ignorer le seuil de longueur) sur des données « élaguées » (voir partie 3.4.1). Ils conseillent, pour des données avec un faible taux d'erreur de génotypages, de supprimer les marqueurs avec une MAF < 5

%, puis d'effectuer un élagage modéré. Pour la détection des ROHs, ils conseillent de ne tolérer aucun marqueur hétérozygote dans les fenêtres de 50 SNPs de PLINK, et de ne garder que les ROHs ayant au moins 50 SNPs, avec l'option de PLINK *--homozyg --homozyg-window-het 0 --homozyg-snp 50 --homozyg-kb 0 --homozyg-density 5000 --homozyg-gap 5000*, les 3 dernières options servant à ignorer les seuils de taille, de densité, et de distance entre deux marqueurs.

3 Modélisation du processus HBD d'un individu par une chaine de Markov cachée

Les chaines de Markov cachées (HMMs) sont une approche naturelle pour modéliser le processus HBD d'un individu (Leutenegger et coll. 2003). Elles sont également très utilisées dans le milieu de la génétique pour modéliser :
- Les méioses au sein d'une généalogie (Lander et Green 1987),
- Le processus IBD entre deux individus apparentés proches (Boehnke et Cox 1997, Epstein et coll. 2000, McPeek et Sun 2000),
- La structure haplotypique d'un individu, i.e. l'origine populationnelle de chacun de ses haplotypes (Pritchard et coll. 2000),
- La phase et les génotypes manquants d'un individu (Stephens et coll. 2001, Stephens et Scheet 2005),
- Le taux de recombinaison entre deux marqueurs (Li et Stephens 2003),
- Le nombre de copies (*copy number variations*) à chaque marqueur d'un individu (Colella et coll. 2007, Wang et coll. 2007).

3.1 Notions sur les HMMs

3.1.1 Définitions et notations

Une HMM est composée de données observées $Y_{1:m}$, et d'états cachés (i.e. non observés) $X_{1:m}$, où $1:m$ est l'indexation ordonnée des m observations. Les états cachés suivent un processus Markovien, et chaque état X_k génère une donnée observée Y_k (voir Figure 2.1 pour une schématisation). Trois probabilités caractérisent alors une HMM:
- La **probabilité d'initialisation** $P(X_1)$,
- La **probabilité d'émission** $P(Y_k|X_k)$,
- La **probabilité de transition** $P(X_k|X_{k-1})$.

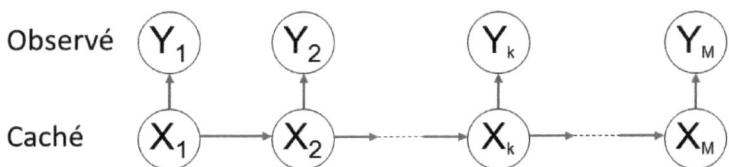

Figure 2.1 : Schématisation d'une chaine de Markov cachée (HMM). Les états $Y_{1:m}$ sont observés, états $X_{1:m}$ sont cachés (i.e. non observés). Les flèches horizontales représentent les probabilités de transition de la HMM, les flèches verticales représentent leurs probabilités d'émission.

L'avantage d'une HMM est sa structure probabiliste très simple, dont les deux propriétés principales sont :

- Conditionnellement aux $k-1$ premières variables observées et cachées, l'état caché X_k ne dépend que de l'état caché en $k-1$, i.e. $P(X_k | Y_{1:(k-1)}, X_{1:(k-1)}) = P(X_k | X_{k-1})$,
- Conditionnellement à toutes les autres variables, une donnée observée Y_k ne dépend que de l'état caché X_k, i.e. $P(Y_k | Y_{1:(k-1)}, Y_{(k+1):m}, X_{1:m}) = P(Y_k | X_k)$.

L'algorithme de Baum (ou algorithme *forward*) (Baum 1972) permet alors de calculer rapidement la **vraisemblance** $P(Y_{1:m})$ de l'ensemble des valeurs observées $Y_{1:m}$. Celui de Baum et Petrie (ou algorithme *forward-backward*) (Baum et Petrie 1966, Baum et coll. 1970) permet de calculer les **probabilités *a posteriori*** $P(X_k | Y_{1:m})$.

3.1.2 Algorithme de Baum et calcul de la vraisemblance

Soit $\alpha(X_k)$ la fonction :

$$\alpha(X_k = x) = P(X_k = x, Y_{1:k}) = \sum_{x^*} P(X_{k-1} = x^*, X_k = x, Y_{1:k-1}, Y_k)$$
$$= \sum_{x^*} P(X_k = x, Y_k | X_{k-1} = x^*, Y_{1:k-1}) P(X_{k-1} = x^*, Y_{1:k-1})$$
$$= \sum_{x^*} P(X_k = x | X_{k-1} = x^*, Y_{1:k-1}) P(Y_k | X_k = x, X_{k-1} = x^*, Y_{1:k-1}) P(X_{k-1} = x^*, Y_{1:k-1})$$
$$= \sum_{x^*} P(X_k = x | X_{k-1} = x^*) P(Y_k | X_k = x) \alpha(X_{k-1} = x^*)$$

Le passage de la ligne 3 à la ligne 4 s'obtient grâce aux propriétés suivantes :

$$P(X_k = x | X_{k-1} = x^*, Y_{1:k-1}) = P(X_k = x | X_{k-1} = x^*),$$

$$P(Y_k | X_k = x, X_{k-1} = x^*, Y_{1:k-1}) = P(Y_k | X_k = x).$$

Cette fonction est initialisée par $\alpha(X_1 = x) = P(X_1 = x) P(Y_1 | X_1 = x)$.

La fonction $\alpha(X_k)$ dépend donc des probabilités d'émission et de transition, et de la valeur $\alpha(X_{k-1})$. Ses valeurs se calculent donc de façon progressive (de l'observation 1 à l'observation m), et permettent d'obtenir facilement la vraisemblance du modèle :

$$P(Y_{1:m}) = \sum_{x^*} P(X_m = x^*, Y_{1:m}) = \sum_{x^*} \alpha(X_m = x^*)$$

3.1.3 Algorithme de Baum et Petrie et calcul des probabilités *a posteriori*

Soit $\beta(X_k)$ la fonction :

$$\beta(X_k = x) = P(Y_{k+1:m} | X_k = x, Y_k) = \sum_{x^*} P(X_{k+1} = x^*, Y_{k+1}, Y_{k+2:m} | X_k = x, Y_k)$$

$$= \sum_{x^*} P(X_{k+1} = x^*, Y_{k+1} | X_k = x, Y_k) P(Y_{k+2:m} | X_{k+1} = x^*, Y_{k+1}, X_k = x, Y_k)$$

$$= \sum_{x^*} P(X_{k+1} = x^* | X_k = x, Y_k) P(Y_{k+1} | X_{k+1} = x^*, X_k = x, Y_k) P(Y_{k+2:m} | X_{k+1} = x^*, Y_{k+1})$$

$$= \sum_{x^*} P(X_{k+1} = x^* | X_k = x) P(Y_{k+1} | X_{k+1} = x^*) \beta(X_{k+1} = x^*)$$

Les passages de la ligne 2 à la ligne 3, puis de la ligne 3 à 4 s'obtiennent grâce aux propriétés suivantes :

$$P(Y_{k+2:m} | X_{k+1} = x^*, Y_{k+1}, X_k = x, Y_k) = P(Y_{k+2:m} | X_{k+1} = x^*, Y_{k+1}),$$

$$P(X_{k+1} = x^* | X_k = x, Y_k) = P(X_{k+1} = x^* | X_k = x).$$

Cette fonction est initialisée par $\beta(X_m = x) = 1$.

La fonction $\beta(X_k)$ dépend donc des probabilités d'émission et de transition, et de la valeur $\beta(X_{k+1})$. Ses valeurs se calculent donc de façon régressive (de l'observation m à l'observation 1).

Les probabilités *a posteriori* peuvent s'obtenir à partir des fonctions α et β comme ceci:

$$P(X_k = x | Y_{1:m}) = P(X_k = x, Y_{1:m}) / P(Y_{1:m}) = P(X_k = x, Y_{1:m}) / \sum_{x^*} P(X_k = x^*, Y_{1:m})$$

$$= \alpha(X_k = x).\beta(X_k = x) / \left(\sum_{x^*} \alpha(X_k = x^*).\beta(X_k = x^*) \right)$$

Le passage de la ligne 1 à la ligne 2 s'obtient grâce au développement suivant :

$$P(X_k = x, Y_{1:m}) = P(X_k = x, Y_{1:k}, Y_{k+1:m}) = P(X_k = x, Y_{1:k}).P(Y_{k+1:m} | X_k = x, Y_{1:k})$$
$$= P(X_k = x, Y_{1:k}).P(Y_{k+1:m} | X_k = x, Y_k) = \alpha(X_k = x).\beta(X_k = x)$$

3.2 HMM pour modéliser le processus HBD d'un individu - FEstim

3.2.1 Hypothèses pour modéliser l'homozygotie par descendance

En l'absence de généalogie, l'identité par descendance, et donc l'homozygotie par descendance, deviennent une construction statistique (Moltke et coll. 2011). Cette construction infère deux haplotypes IBS comme IBD, si la fréquence de cet haplotype dans la population fondatrice est suffisamment faible pour qu'il soit plus probable que les deux copies observées viennent d'un seul ancêtre que de deux ancêtres différents. En supposant l'absence de sélection, de migration et de dérive génétique, on peut estimer ces fréquences directement sur la population actuelle. A noter que plus la population fondatrice s'éloigne de la population actuelle, plus cette hypothèse devient discutable.

Ainsi, si on revient à l'exemple de la Figure 1.6, la population fondatrice de la population de g_n sera celle de g_{i+1}, les fréquences haplotypiques étant supposées égales à ces deux générations. Un individu y portant deux haplotypes clairs sera considéré comme HBD dans cette région, la fréquence de l'haplotype clair y étant rare. Réciproquement, un individu portant deux haplotypes foncés sera considéré comme non HBD dans cette région, la fréquence de l'haplotype foncé y étant élevée.

3.2.2 Le modèle

Les chaines de Markov ont été montrées comme étant de bonnes approximations du processus HBD d'un individu (Thompson 1994), mais également pour approximer le processus IBD entre deux individus (Epstein et coll. 2000). Dans le cas de l'homozygotie par descendance, Thompson montra que cette approximation donnait des résultats proches de ceux de la généalogie pour un individu issu de cousins germains, mais aussi pour un individu issu de relations plus complexes.

Une chaine de Markov approximant un processus HBD le long d'un chromosome peut prendre deux valeurs : $X_k = 1$ lorsque les 2 allèles d'un marqueur k sont HBD, et $X_k = 0$ lorsqu'ils sont non HBD. En supposant l'absence d'interférence génétique et que la longueur des segments HBD et non-HBD suivent une loi exponentielle (Stam 1980), les probabilités de transition peuvent s'écrire comme en Table 2.1 (Abney et coll. 2002, Leutenegger et coll. 2003). Elles dépendent de la distance génétique d en cM entre les marqueurs k et $k-1$, et de deux paramètres : δ, la probabilité $P(X_k)$ d'être HBD à un marqueur, et a, tel que $1/(a(1-\delta))$ et $1/a\delta$ soient respectivement les longueurs moyennes en cM des segments HBD et non-HBD. La chaine de Markov est initialisée par $P(X_1 = 1) = \delta$, et $P(X_1 = 0) = 1-\delta$.

	$X_k = 0$	$X_k = 1$
$X_{k-1} = 0$	$(1-e^{-ad})(1-\delta) + e^{-ad}$	$(1-e^{-ad})\delta$
$X_{k-1} = 1$	$(1-e^{-ad})(1-\delta)$	$(1-e^{-ad})\delta + e^{-ad}$

Table 2.1 : Probabilités de transition $P(X_k|X_{k-1})$ d'une HMM modélisant le processus HBD d'un individu. Ces probabilités dépendent de la distance génétique d en cM entre les marqueurs k et k-1, et de deux paramètres : δ, la probabilité $P(X_k)$ d'être HBD à un marqueur, et a, tel que $1/(a(1-\delta))$ et $1/a\delta$ la longueur moyenne en cM des segments HBD et non-HBD. X_k est l'état HBD au marqueur k.
Les notations sont celles de Leutenegger et coll. (2003).

Pour modéliser le processus HBD d'un individu à partir de ses génotypes observés Y_k, on utilise des probabilités d'émission $P(Y_k|X_k)$ dépendant des fréquences alléliques, et pouvant également dépendre d'un taux d'erreur de génotypage ε (Table 2.2).

	$X_k = 0$	$X_k = 1$
	$P(Y_k = AA) = p_A^2$	$P(Y_k = AA) = (1-\varepsilon)p_A + \varepsilon p_A^2$
	$P(Y_k = Aa) = 2p_A p_a$	$P(Y_k = Aa) = \varepsilon 2 p_A p_a$
	$P(Y_k = aa) = p_a^2$	$P(Y_k = aa) = (1-\varepsilon)p_a + \varepsilon p_a^2$

Table 2.2 : Probabilités d'émission $P(Y_k|X_k)$ d'une HMM modélisant le processus HBD d'un individu. p_A et p_a sont respectivement les fréquences des allèles A et a. ε est le taux d'erreur de génotypage. X_k et Y_k sont l'état HBD et le génotype au marqueur k.
Les notations sont celles de Leutenegger et coll. (2003).

3.2.3 FEstim

Lorsque la généalogie d'un individu n'est pas disponible, Leutenegger et coll. (2003) ont proposé d'estimer les paramètres du modèle, δ et a, par maximum de vraisemblance. La vraisemblance du modèle est le produit des vraisemblances calculées sur chaque autosome. L'estimation du paramètre δ, initialement définit comme $P(X_k)$, donne une estimation du coefficient de consanguinité f. Cette méthode d'estimation du coefficient de consanguinité est implémentée dans le logiciel FEstim. Ce logiciel permet également de détecter les régions HBD du génome, grâce aux probabilités *a posteriori P(X$_k$|Y$_{1:m}$)*, obtenus à l'aide l'algorithme de Baum et Petrie.

A noter que dans le modèle de Leutenegger et coll. le paramètre δ était noté *f*. Les notations ont été modifiées dans cette thèse, afin de dissocier le paramètre de la chaine de Markov de l'estimation de la consanguinité. A noter également que l'algorithme de Baum et l'algorithme de Baum et Petrie de FEstim ne sont pas exactement les mêmes que ceux utilisées dans ce manuscrit. Par exemple la fonction utilisée par l'algorithme de Baum est notée $R_k^*(x) = P(X_k = x, Y_{1:k-1})$.

3.3 Illustration du problème du LD

Comme vu précédemment, une HMM suppose que conditionnellement aux états cachés, les états observés soient indépendants. Lors du développement de la fonction α, cette propriété permet d'écrire *P(Y$_k$|X$_k$ = x, X$_{k-1}$ = x*, Y$_{1:k-1}$)* = *P(Y$_k$|X$_k$ = x)*. Cependant, quand une HMM est appliquée à des données en fort déséquilibre, comme c'est le cas avec les cartes denses de SNPs, cette propriété n'est plus respectée.

Pour illustrer le problème que cela peut engendrer, prenons l'exemple d'une région de 4 marqueurs en fort déséquilibre, où l'on supposera l'absence de recombinaison et où il n'existe que deux haplotypes, *ABCD* et *abcd*, de fréquence 0.8 et 0.2 respectivement. Supposons qu'un individu non consanguin possède deux copies du deuxième haplotype. On a donc *Y$_1$ = aa*, *Y$_2$ = bb*, *Y$_3$ = cc*, et *Y$_4$ = dd*. Les hypothèses des HMMs devraient donc nous donne donc $P(Y_2 = bb|X_2 = 0, X_1 = 0, Y_1 = aa) = P(Y_2 = bb|X_2 = 0) = 0.2^2 = 0.04$, alors qu'en réalité $P(Y_2 = bb|X_2 = 0, X_1 = 0, Y_1 = aa) = 1$ car après un génotype *aa* on observe forcément un génotype *bb*.

Ce modèle estime donc les fréquences haplotypiques en multipliant les fréquences alléliques. Dans notre exemple, le modèle estime la fréquence de l'haplotype *abcd* à $0.2^4 = 0.0016$, et le considère donc plus de 100 fois plus rare que ce qu'il n'est réellement. Cette sous-estimation va donc pousser le modèle à inférer cette région comme HBD. La présence de nombreuses régions LD va donc entrainer une surestimation du coefficient de consanguinité.

3.4 Stratégies pour minimiser le LD d'un jeu de données

Pour utiliser FEstim sur des données provenant de cartes denses, il est donc nécessaire de ne garder qu'une partie des marqueurs en cherchant à minimiser le LD entre eux. Différentes approches ont été proposées pour sélectionner ces marqueurs. Lorsque la population disponible est assez grande pour quantifier correctement le LD, une première solution consiste à enlever les SNPs qui sont en fort LD (Polasek et coll. 2010). Une deuxième possibilité, qui ne nécessite pas de quantification de LD dans l'échantillon, consiste à sélectionner de façon aléatoire une ou plusieurs sous-cartes aléatoires de marqueurs qui sont situés à des distances génétiques fixées (Leutenegger et coll. 2011).

3.4.1 Elagage des données

Le logiciel PLINK propose deux options pour créer des cartes avec un minimum de LD entre les marqueurs : *--indep* qui se base sur un coefficient de corrélation multiple, et *--indep-pairwise* qui se base sur un coefficient de corrélation entre deux marqueurs. Pour ces deux options, PLINK considère une fenêtre de plusieurs SNPs, et supprime successivement ceux qui ont un coefficient de corrélation trop élevé.

Lors de cette thèse, l'option *--indep-pairwise 50 5 0.01* a été utilisée pour pouvoir utiliser FEstim sur des données dites « élaguées » (ou *pruned*). Cette option enlève les SNPs ayant un coefficient de corrélation r^2 > 0.01 sur une fenêtre de 50 marqueurs, et glissant de 5 marqueurs à chaque itération.

3.4.2 Méthodes des sous-cartes aléatoires

Une seconde stratégie consiste à extraire aléatoirement des marqueurs tous les 0.5 cM, afin de créer une ou plusieurs sous-cartes (Leutenegger et coll. 2011). L'avantage de cette stratégie est qu'elle ne nécessite pas le calcul de scores de LD sur les données, et qu'un marqueur tous les 0.5 cM représente un bon compromis entre un nombre de marqueurs élevés (environ 6 000 sur le génome) et un faible score de LD entre les marqueurs sélectionnés. Elle peut donc être utilisée avec de très petits échantillons, voire même sur un seul individu.

Lorsque plusieurs sous-cartes sont utilisées, f est estimé par la valeur médiane des estimations obtenues sur les différentes sous-cartes après avoir enlevé celles avec a > 1. En effet, détecter des segments HBD de longueur moyenne 1 cM est peu compatible avec une densité de 1 SNP tous les 0.5 cM.

4 Prise en compte du LD dans les HMMs

Les stratégies minimisant le LD des données perdent une grande quantité d'information disponible, ce qui peut conduire à ne pas détecter les plus petits segments HBD. Pour pallier ce problème, plusieurs méthodes ont été développées pour prendre en compte le LD dans une HMM modélisant l'IBD entre deux individus ou HBD d'un seul individu.

Une première façon de prendre en compte le LD dans une HMM consiste à conditionner ses probabilités d'émission par le marqueur précédent, et de remplacer les fréquences alléliques par les fréquences haplotypiques aux deux locus (Wang et coll. 2006, Albrechtsen et coll. 2009, Han et Abney 2011). Au lieu de conditionner sur un marqueur, il a également été proposé de conditionner sur plusieurs marqueurs précédents, et de modéliser le LD grâce à un modèle linéaire (Han et Abney 2011, 2013). Une autre possibilité, mise en œuvre dans BEAGLE, consiste à construire un arbre d'haplotypes qui s'adapte automatiquement au degré de LD de la population (Browning 2006), et à l'intégrer dans la HMM (Browning 2008, Browning et Browning 2010).

Cette partie détaillera ces différents modèles, et comment ils sont implémentés dans des HMMs ayant la même modélisation du processus HBD que FEstim. Les différents travaux utilisant les fréquences haplotypiques de deux locus seront résumés, pour pouvoir être implémentés dans le logiciel FEstim (partie 2 du chapitre 3).

4.1 Conditionnement sur un marqueur

4.1.1 Conditionnement sur le marqueur précédent

Wang et coll. (2006) ont proposé de modifier le modèle de FEstim en conditionnant les probabilités d'émission au marqueur k sur le statut HBD et le génotype au marqueur précédent $k-1$. Les probabilités d'émission ne sont plus $P(Y_k|X_k)$ comme dans FEstim, mais $P(Y_k|Y_{k-1}, X_k, X_{k-1})$, et dépendent de la fréquence des haplotypes à ces deux marqueurs (Table 2.3). Ce modèle modifie donc les fonctions α et β. La fonction α en k est désormais conditionnée par X_{k-1} et Y_{k-1}, et devient :

$$\begin{aligned}
\alpha(X_k = x) &= P(X_k = x, Y_{1:k}) = \sum_{x^*=0,1} P(X_{k-1} = x^*, X_k = x, Y_{1:k-1}, Y_k) \\
&= \sum_{x^*=0,1} P(X_k = x, Y_k | X_{k-1} = x^*, Y_{1:k-1}) P(X_{k-1} = x^*, Y_{1:k-1}) \\
&= \sum_{x^*=0,1} P(X_k = x | X_{k-1} = x^*, Y_{1:k-1}) P(Y_k | X_k = x, X_{k-1} = x^*, Y_{1:k-1}) P(X_{k-1} = x^*, Y_{1:k-1}) \\
&= \sum_{x^*=0,1} P(X_k = x | X_{k-1} = x^*) P(Y_k | Y_{k-1}, X_k = x, X_{k-1} = x^*) \alpha(X_{k-1} = x^*)
\end{aligned} \quad (2.1)$$

Le passage de la ligne 3 à la ligne 4 s'obtient grâce à la nouvelle propriété :

$$P(Y_k | X_k = x, X_{k-1} = x^*, Y_{1:k-1}) = P(Y_k | Y_{k-1}, X_k = x, X_{k-1} = x^*).$$

La fonction β devient :

$$\begin{aligned}
\beta(X_k = x) &= P(Y_{k+1:m} | X_k = x, Y_k) = \sum_{x^*=0,1} P(X_{k+1} = x^*, Y_{k+1}, Y_{k+2:m} | X_k = x, Y_k) \\
&= \sum_{x^*=0,1} P(X_{k+1} = x^*, Y_{k+1} | X_k = x, Y_k) P(Y_{k+2:m} | X_{k+1} = x^*, Y_{k+1}, X_k = x, Y_k) \\
&= \sum_{x^*=0,1} P(X_{k+1} = x^* | X_k = x, Y_k) P(Y_{k+1} | X_{k+1} = x^*, X_k = x, Y_k) P(Y_{k+2:m} | X_{k+1} = x^*, Y_{k+1}) \\
&= \sum_{x^*=0,1} P(X_{k+1} = x^* | X_k = x) P(Y_{k+1} | Y_k, X_{k+1} = x^*, X_k = x) \beta(X_{k+1} = x^*)
\end{aligned} \quad (2.2)$$

Le passage de la ligne 2 à la ligne 3 s'obtient grâce à la nouvelle propriété :

$$P(Y_{k+2:m} | X_{k+1} = x^*, Y_{k+1}, X_k = x, Y_k) = P(Y_{k+2:m} | X_{k+1} = x^*, Y_{k+1})$$

	$X_k = 0$	$X_k = 1$
$X_{k-1} = 0$	$P(Y_k = AA\|Y_{k-1} = AA) = \frac{p_{AA}^2}{p_{A^{k-1}}^2}$ $P(Y_k = Aa\|Y_{k-1} = AA) = \frac{2p_{AA}p_{Aa}}{p_{A^{k-1}}^2}$ $P(Y_k = aa\|Y_{k-1} = AA) = \frac{p_{Aa}^2}{p_{A^{k-1}}^2}$ $P(Y_k = AA\|Y_{k-1} = Aa) = \frac{p_{AA}p_{aA}}{p_{A^{k-1}}^2}$ $P(Y_k = Aa\|Y_{k-1} = Aa) = \frac{p_{AA}p_{aa} + p_{Aa}p_{aA}}{p_{A^{k-1}}p_{a^{k-1}}}$ $P(Y_k = aa\|Y_{k-1} = Aa) = \frac{p_{Aa}p_{aa}}{p_{A^{k-1}}p_{a^{k-1}}}$	$P(Y_k = AA\|Y_{k-1} = AA) = \frac{p_{AA}}{p_{A^{k-1}}}$ $P(Y_k = Aa\|Y_{k-1} = AA) = 0$ $P(Y_k = aa\|Y_{k-1} = AA) = \frac{p_{Aa}}{p_{A^{k-1}}}$ $P(Y_k = AA\|Y_{k-1} = Aa) = \frac{p_{AA}p_{a^{k-1}} + p_{aA}p_{A^{k-1}}}{2p_{A^{k-1}}p_{a^{k-1}}}$ $P(Y_k = Aa\|Y_{k-1} = Aa) = 0$ $P(Y_k = aa\|Y_{k-1} = Aa) = \frac{p_{Aa}p_{a^{k-1}} + p_{aa}p_{A^{k-1}}}{2p_{A^{k-1}}p_{a^{k-1}}}$
$X_{k-1} = 1$	$P(Y_k = AA\|Y_{k-1} = AA) = \frac{p_{AA}p_{A^k}}{p_{A^{k-1}}}$ $P(Y_k = Aa\|Y_{k-1} = AA) = \frac{p_{Aa}p_{A^k} + p_{AA}p_{a^k}}{p_{A^{k-1}}}$ $P(Y_k = aa\|Y_{k-1} = AA) = \frac{p_{Aa}p_{A^k}}{p_{A^{k-1}}}$ $P(Y_k = AA\|Y_{k-1} = Aa) = p_{A^k}^2$ $P(Y_k = Aa\|Y_{k-1} = Aa) = 2p_{A^k}p_{a^k}$ $P(Y_k = aa\|Y_{k-1} = Aa) = p_{a^k}^2$	$P(Y_k = AA\|Y_{k-1} = AA) = \frac{p_{AA}}{p_{A^{k-1}}}$ $P(Y_k = Aa\|Y_{k-1} = AA) = 0$ $P(Y_k = aa\|Y_{k-1} = AA) = \frac{p_{Aa}}{p_{A^{k-1}}}$ $P(Y_k = AA\|Y_{k-1} = Aa) = p_{A^k}$ $P(Y_k = Aa\|Y_{k-1} = Aa) = 0$ $P(Y_k = aa\|Y_{k-1} = Aa) = p_{a^k}$

Table 2.3 : Probabilités d'émission $P(Y_k|X_k, X_{k-1}, Y_{k-1})$. X_k et Y_k sont l'état HBD et le génotype au marqueur k. p_{A^k} et p_{a^k} sont les fréquences des allèles A et a au marqueur k. $p_{A^{k-1}}$ et $p_{a^{k-1}}$ sont les fréquences des allèles A et a au marqueur k-1. p_{AA}, p_{Aa}, p_{aA} et p_{aa} sont les fréquences des haplotypes AA, Aa, aA et aa, le premier allèle étant celui du marqueur k-1. Pour la prise en compte des erreurs de génotypage et des données manquantes, voir Table 2.6 en supplément du chapitre.

4.1.2 Conditionnement sur un des marqueurs précédents

Comme le marqueur le plus en déséquilibre avec le marqueur k n'est pas forcément le précédent, Albrechtsen et coll. (2009) ont proposé, dans une HMM modélisant le processus IBD entre deux individus, de conditionner leurs probabilités d'émission par rapport au marqueur h, h étant le marqueur le plus en déséquilibre avec le marqueur k parmi ses 50 marqueurs précédents. Appliquées aux équations 2.1 et 2.2 de Wang et coll., ces nouvelles probabilités d'émission donnent les formules suivantes :

$$\alpha(X_k = x) = \sum_{x^*=0,1} P(X_k = x | X_{k-1} = x^*) P(Y_k | Y_h, X_h, X_k = x) \alpha(X_{k-1} = x^*) \approx P(X_k = x, Y_{1:k})$$

$$\beta(X_k = x) = \sum_{x^*=0,1} P(X_{k+1} = x^* | X_k = x) P(Y_{k+1} | Y_{h'}, X_{h'}, X_{k+1} = x^*) \beta(X_{k+1} = x^*) \approx P(Y_{k+1:m} | X_k = x, Y_{h'})$$

avec h' le marqueur le plus en déséquilibre avec le marqueur $k+1$. Dans ce modèle, les fonctions α et β sont donc des approximations de $P(X_k = x, Y_{1:k})$ et $P(Y_{k+1:m} | X_k = x, Y_{h'})$. Il n'est pas possible d'obtenir les formules exactes, même en sommant sur toutes les valeurs possibles de X_{k-1} et X_h (ou X_{k+1} et $X_{h'}$ pour la fonction β).

Han et Abney (Han et Abney 2011), qui ont repris le modèle d'Albrechtsen et coll. pour des individus dont on connait la généalogie, font l'hypothèse que $X_{k-1} = X_h$, et utilisent la probabilité d'émission $P(Y_k | Y_h, X_h = X_k)$ quand $X_k = X_{k-1}$ et $P(Y_k | X_k)$ sinon. Appliqué aux équations 2.1 et 2.2 de Wang et coll., cela donne :

$$\alpha(X_k = x) = P(X_k = x | X_{k-1} = x) P(Y_k | Y_h, X_h = X_k = x) \alpha(X_{k-1} = x) \\ + P(X_k = x | X_{k-1} = \bar{x}) P(Y_k | X_k = x) \alpha(X_{k-1} = \bar{x}) \quad (2.3)$$

$$\beta(X_k = x) = P(X_{k+1} = x | X_k = x) P(Y_{k+1} | Y_{h'}, X_{h'} = X_{k+1} = x) \beta(X_{k+1} = x) \\ + P(X_{k+1} = \bar{x} | X_k = x) P(Y_{k+1} | X_{k+1} = \bar{x}) \beta(X_{k+1} = \bar{x}) \quad (2.4)$$

avec $\bar{x} = 1 - x$.

4.2 Conditionnement sur plusieurs marqueurs précédents - GIBDLD

Han et Abney (2011, 2013) ont également proposé un modèle, ne conditionnant pas sur un seul marqueur, mais sur L marqueurs précédents. La probabilité d'émission peut alors s'écrire $P(Y_k | X_k, Y_{k-L:k-1})$, où $Y_{k-L:k-1}$ sont les L génotypes précédents le marqueur k.

Pour arriver à calculer cette probabilité, Han et Abney partent de la variable G_k, qui est le vrai génotype (i.e. sans erreur de génotypage) codé en nombre d'allèles rares a au marqueur k, et calculent la probabilité $P(G_k|G_{k\text{-}L:k\text{-}1})$ au moyen d'une régression linéaire.

$$P(G_k|G_{k-L:k-1}) = \begin{pmatrix} P(G_k = 0|G_{k-L:k-1}) \\ P(G_k = 2|G_{k-L:k-1}) \end{pmatrix}$$

$$= \begin{pmatrix} 1 & 0 \\ 0 & 1 \end{pmatrix} \begin{pmatrix} \gamma_{k,0} \\ \gamma_{k,2} \end{pmatrix} + \begin{pmatrix} \gamma_{k-1,00} & \gamma_{k-1,20} \\ \gamma_{k-1,02} & \gamma_{k-1,22} \end{pmatrix} \tilde{G}_{k-1} + \cdots + \begin{pmatrix} \gamma_{k-L,00} & \gamma_{k-L,20} \\ \gamma_{k-L,02} & \gamma_{k-L,22} \end{pmatrix} \tilde{G}_{k-L}$$

avec $\tilde{G}_k = \begin{pmatrix} 1_{G_k=0} \\ 1_{G_k=2} \end{pmatrix}$.

La probabilité d'être hétérozygote peut ainsi être déduite :

$$P(G_k = 1|G_{k-L:k-1}) = 1 - P(G_k = 0|G_{k-L:k-1}) - P(G_k = 2|G_{k-L:k-1}).$$

La probabilité $P(G_k|X_k,G_{k\text{-}L:k\text{-}1})$ se déduit grâce à la Table 2.4, et $P(Y_k|X_k,Y_{k\text{-}L:k\text{-}1})$ se déduit grâce à la formule

$$P(Y_k|X_k, Y_{k-L:k-1}) = \sum_{G_k=0,1,2} P(G_k|X_k, G_{k-L:k-1}) P(Y_k|G_k)$$

avec $P(Y_k|G_k)$ donné Table 2.5.

	$X_k = 0$	$X_k = 1$
$G_k = 0$	$P(G_k = 0\|G_{k-L:k-1})$	$2P(G_k = 0\|G_{k-L:k-1}) + P(G_k = 1\|G_{k-L:k-1})$
$G_k = 1$	$P(G_k = 1\|G_{k-L:k-1})$	0
$G_k = 2$	$P(G_k = 2\|G_{k-L:k-1})$	$2P(G_k = 2\|G_{k-L:k-1}) + P(G_k = 1\|G_{k-L:k-1})$

Table 2.4 : **Probabilités d'émission** $P(G_k|X_k,G_{k\text{-}L:k\text{-}1})$. X_k et G_k sont l'état HBD et le vrai génotype au marqueur k.

	$Y_k = AA$	$Y_k = Aa$	$Y_k = aa$
$G_k = 0$	$(1-\varepsilon)^2$	$2\varepsilon(1-\varepsilon)$	ε^2
$G_k = 1$	$\varepsilon(1-\varepsilon)$	$\varepsilon^2 + (1-\varepsilon)^2$	$\varepsilon(1-\varepsilon)$
$G_k = 2$	ε^2	$2\varepsilon(1-\varepsilon)$	$(1-\varepsilon)^2$

Table 2.5 : Probabilités $P(Y_k|G_k)$ d'observer Y_k sachant le vrai génotype G_k. G_k et Y_k sont le vrai génotype et le génotype observé au marqueur k. ε est l'erreur de génotypage.

Ce modèle est implémenté dans la fonction GIBDLD du logiciel IBDLD, qui fixe par défaut $L = 20$. Le modèle utilisé est le même que FEstim : les probabilités d'émission $P(Y_k|X_k)$ sont remplacés par $P(Y_k|X_k, Y_{k-L:k-1})$ sans que cela n'influe sur les fonctions α et β. Contrairement à FEstim, qui estime les paramètres δ et a par maximum de vraisemblance sur le génome, GIBDLD fixe a à 10^{-6} et estime le paramètre δ par maximum de vraisemblance sur chaque chromosome.

GIBDLD donne en sortie un fichier avec la moyenne des probabilités *a posteriori* d'être HBD par chromosome pour chaque individu. Les auteurs proposent d'estimer f en pondérant ces moyennes par le nombre de marqueurs de chaque chromosome. Nous avons cependant observé que pondérer ces moyennes par la longueur en cM de chaque chromosome offrait de meilleures estimations de f. Cette estimation sera donc utilisée par la suite.

4.3 BEAGLE

BEAGLE est un logiciel multifonctions, permettant de phaser et imputer les données manquantes d'un échantillon (Browning et Browning 2007b), de réaliser des tests d'associations haplotypiques (Browning et Browning 2007a), et de modéliser le processus IBD entre deux individus et le processus HBD d'un individu (Browning 2008, Browning et Browning 2010). Pour ce faire, le LD de l'échantillon est modélisé au moyen d'un graphe assemblant les haplotypes (ou *localized haplotype cluster model*, LHCM) (Browning 2006).

Ce logiciel ne propose pas d'estimation de f et n'est pas décrit par ses auteurs comme adapté aux populations consanguines. Cependant, son calcul des probabilités *a posteriori* d'être HBD peut fournir, comme GIBDLD, une estimation de f.

4.3.1 Construction d'un graphe assemblant les haplotypes

La première étape de la construction du LHCM consiste à construire un arbre d'haplotypes (Figure 2.2.A), où chaque arête correspond à un allèle. Les nœuds de cet arbre fournissent les haplotypes jusqu'au premier marqueur (dans l'exemple de la Figure 2.2.A, le nœud 4.1 fournit l'haplotype 111). Ces nœuds sont ensuite fusionnés si ils reçoivent le même allèle et si leur score de similarité est supérieur à un certain critère (Figures 2.2.B et 2.2.C, voir Browning (2006) pour plus de détails). Dans l'exemple de la Figure 2.2, les nœuds 3.1 et 3.3 ont ainsi été fusionnés car ils présentaient une structure similaire. Enfin, les derniers nœuds sont fusionnés en un seul nœud.

Ce nouvel arbre a désormais la forme d'une chaine de Markov. Dans l'exemple de la Figure 2.2.C, les états possibles au marqueur 1 sont A et B ; C, D et E au marqueur 2 ; F, G et H au marqueur 3 ; et I, J, K et L au marqueur 4. Cette chaine de Markov est nommée chaine de Markov à longueur variable (ou *variable length Markov chain*) par les auteurs de BEAGLE, car le nombre de nœuds et d'arêtes varient en fonction du LD de la région étudiée.

CHAPITRE 2

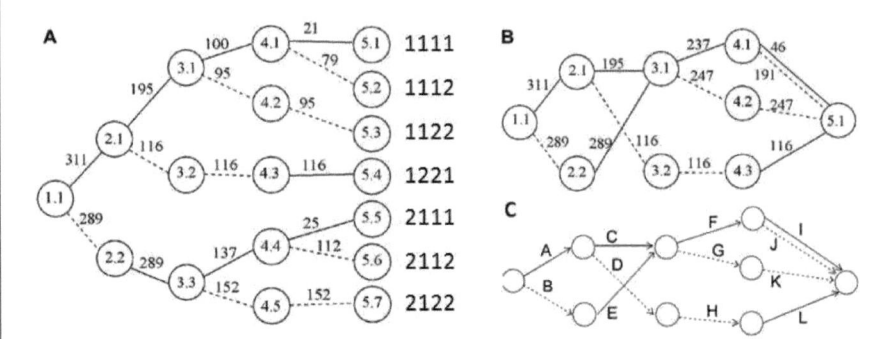

Figure 2.2 : Graphe construit par BEAGLE pour assembler les haplotypes (ou LHCM). Cet exemple considère 600 haplotypes de 4 marqueurs. On y trouve : 21 haplotypes 1111, 79 haplotypes 1112, 95 haplotypes 1122, 116 haplotypes 1221, 25 haplotypes 2111, 112 haplotype 2112, et 152 haplotypes 2122. Un trait plein représente un allèle codé 1, un trait en pointillé représente un allèle codé 2. Chaque rond représente un nœud connectant des allèles de marqueurs adjacents. La figure A montre l'arbre d'haplotypes. La figure B montre le graphe assemblant les haplotypes (LHCM), qui est obtenu après fusion des nœuds 3.1 et 3.3 considérés comme similaires. La figure C est similaire à la B, mais attribue des identifiants aux arêtes plutôt qu'aux nœuds.
Images tirées de Browning (2006, 2008).

Cette représentation permet donc de modéliser le LD et de donner la probabilité d'observer un allèle dans un contexte haplotypique : dans l'exemple de la Figure 2.2, la probabilité d'observer sur un haplotype l'allèle 2 au marqueur 3 est de 247/(247+237) si au marqueur précédent l'allèle est 1, et de 1 si au marqueur précédent l'allèle est 2.

En pratique les haplotypes d'une population ne sont pas connus. Pour construire cet arbre, BEAGLE part donc des données génotypiques d'un échantillon, et construit les haplotypes au moyen d'un algorithme itératif. La première étape de cet algorithme est de phaser aléatoirement les individus, afin d'initialiser le LHCM. Chaque individu de la population est ensuite phasé conditionnellement à cet arbre au moyen d'une HMM (voir Browning 2006 pour plus de détails). Les nouveaux haplotypes donnant un nouveau LHCM, cette étape est réitérée 10 fois par BEAGLE. A noter que cet algorithme n'est pas appliqué sur un chromosome entier, mais sur des fenêtres de 500 SNPs.

4.3.2 Modélisation du processus HBD

Les auteurs de BEAGLE décrivent leur modélisation du processus HBD d'un individu comme adapté pour un individu non consanguin pouvant porter quelques petits segments HBD (autour de 2cM et dont l'haplotype viendrait d'un seul ancêtre vieux de 20 générations). Ce modèle dépend du LHCM, préalablement construit à partir de l'échantillon. Le génome est une nouvelle fois modélisé par une HMM, qui contient cette fois-ci trois états cachés : le statut HBD X_k, et un couple d'arêtes ($c_k^{(1)}$, $c_k^{(2)}$).

Les probabilités de transition d'un marqueur *k-1* à un marqueur *k* s'écrivent :

$$P\left(X_k = 0, c_k^{(1)}, c_k^{(2)} \middle| X_{k-1}, c_{k-1}^{(1)}, c_{k-1}^{(2)}\right) = P(X_k = 0|X_{k-1}).P\left(c_k^{(1)}\middle|c_{k-1}^{(1)}\right).P\left(c_k^{(2)}\middle|c_{k-1}^{(2)}\right)$$

$$P\left(X_k = 1, c_k^{(1)}, c_k^{(2)} \middle| X_{k-1}, c_{k-1}^{(1)}, c_{k-1}^{(2)}\right)$$
$$= P(X_k = 1|X_{k-1}).\min\left(P\left(c_k^{(1)}\middle|c_{k-1}^{(1)}\right), P\left(c_k^{(2)}\middle|c_{k-1}^{(2)}\right)\right).e$$

avec *e = 1-ε* si les allèles des arêtes $c_k^{(1)}$ et $c_k^{(2)}$ sont identiques, et *e=ε* sinon, *ε* étant l'erreur de génotypage. Les probabilités *P(X$_k$ = 0|X$_{k-1}$ = 1)* et *P(X$_k$ = 1|X$_{k-1}$ = 0)* sont fixées par défaut dans BEAGLE à 1 et 10^{-4}. Dans un modèle équivalent à celui de FEstim, où *P(X$_k$ = 0|X$_{k-1}$ = 1) = a(1-δ)* et *P(X$_k$ = 1|X$_{k-1}$ = 0) = aδ*, cela reviendrait à prendre *δ ≈ 0.0001* et *a = 1*. Les probabilités *P(c$_k^{(1)}$|c$_{k-1}^{(1)}$)* et *P(c$_k^{(2)}$|c$_{k-1}^{(2)}$)* s'obtiennent à partir du LHCM. La notion de fréquence et d'erreur de génotypage est donc prise en compte dans les probabilités de transition, et non plus dans les probabilités d'émission, comme c'était le cas pour les modèles décrits précédemment.

Les probabilités d'émission sont ici de 1 (ou 0) si le génotype est compatible (ou non) au couple d'arêtes.

Les probabilités *a posteriori* $P(X_k, c_k^{(1)}, c_k^{(2)}|Y_{1:m})$ sont calculées classiquement à l'aide de l'algorithme de Baum et Petrie. Les probabilités $P(X_k|Y_{1:m})$ sont calculées en sommant $P(X_k, c_k^{(1)}, c_k^{(2)}|Y_{1:m})$ sur tous les couples $(c_k^{(1)}, c_k^{(2)})$.

BEAGLE peut donc être utilisé pour estimer f en calculant, comme avec GIBDLD, les moyennes des probabilités *a posteriori* par chromosome, et en les pondérant par leur longueur en cM.

4.4 Autres modèles

D'autres modèles ont été proposés pour prendre en compte le LD dans une HMM modélisant le processus HBD d'un individu.

Tout d'abord, le programme WHAMM (Voight) propose de créer des blocs de plusieurs marqueurs délimités par les points chauds de recombinaisons localisés à partir de la structure du LD des populations YRI, CEU et CHB/JPT de la phase II du projet HapMap (McVean et coll. 2004, Winckler et coll. 2005). Les données observées ne sont donc plus les génotypes, mais des « supers marqueurs » composés de plusieurs marqueurs, que l'on suppose indépendants dû à leur délimitation par les points chauds de recombinaison. WHAMM intègre deux types de probabilités d'émission, l'une pour des données haplotypiques (phasées), l'autre pour des données génotypiques (non phasées). L'étude de ce programme, commencée au début de cette thèse, n'a pas été poursuivie pour deux raisons : 1) il ne sera vraisemblablement jamais publié, et les seules informations disponibles s'obtiennent en regardant son code informatique, 2) ses probabilités d'émission n'étaient pas toutes compréhensibles et ne sommaient pas un 1.

A noter que l'idée d'utiliser des blocs pour prendre en compte le LD dans les HMMs avait été proposée pour le logiciel d'analyse de liaison Merlin (Abecasis et Wigginton 2005). Celui-ci crée des blocs en fonction du LD qu'il pouvait observer dans son échantillon. Plus récemment, le logiciel de phasage SHAPEIT 2 (Delaneau et coll. 2012, Delaneau et coll. 2013), dont le but est d'inférer les phases des individus d'une population, utilise une HMM dite compacte (*compact hidden Markov model*), car créant également des blocs de plusieurs marqueurs ou la diversité haplotypique est réduite (et donc le LD fort). Cette prise en compte du LD pourrait être intégrée à une HMM modélisant les processus IBD et HBD, comme l'a fait précédemment BEAGLE.

L'idée d'incorporer la modélisation du LD proposée par certains logiciels de phasage avait déjà été suggéré par Thompson (Thompson 2008), qui avait proposé d'intégrer la modélisation du LD du logiciel de phasage fastPHASE (Scheet et Stephens 2006) dans une HMM modélisant l'IBD entre deux individus. Cependant, aucun programme n'implémente aujourd'hui un tel modèle.

5 Discussion

Ce chapitre liste plusieurs méthodes permettant d'estimer la consanguinité et de modéliser le processus HBD d'un individu en prenant en compte le LD de sa population.

Intuitivement, on s'attend à ce que les estimateurs simple-points fournissent les moins bonnes estimations de f puisqu'elles ne prennent pas en compte la dépendance des marqueurs HBD. Ceci a d'ailleurs été montré par deux études de simulations, montrant qu'ils fournissaient de moins bons estimateurs que FEstim sur des données sans LD (Polasek et coll. 2010), et que les ROHs qui sont plus efficaces pour estimer la consanguinité en population (Keller et coll. 2011). Cependant, il est difficile de comparer la qualité des autres types d'estimateurs.

On sait qu'il existe, pour différentes longueurs de seuils de ROHs (1 000 kb, 1 500 kb et 1 cM), des régions où les ROHs sont très fréquents. Cependant, on ne connait pas leur impact sur l'estimation du f.

FEstim, appliqué à des données sans LD, utilise moins de marqueurs que les ROHs et les HMMs modélisant le LD. Cependant, même pour les consanguinités éloignées, les segments HBD sont grands en moyenne (Table 1.1), et semblent donc être détectables par des cartes avec 1 marqueur tous les 0.5 cM. En étudiant l'IBD entre 2 individus, Han et Abney (2011) ont montré qu'une HMM ne prenant pas en compte le LD et utilisant un marqueur tous les 1 cM donnaient de moins bons résultats qu'une HMM prenant en compte le LD. Cependant, leur sélection de marqueurs (seulement 3 000 marqueurs sur le génome) ne semble pas optimale.

Conceptuellement, on s'attend à ce que les HMMs intégrant le LD offrent les meilleurs résultats. Cependant, la HMM conditionnant sur le marqueur précédent n'a été étudiée que pour de l'IBD entre deux individus, et uniquement sur un chromosome d'environ 10 000 marqueurs (Albrechtsen et coll. 2009, Han et Abney 2011). De plus, si BEAGLE permet de mieux détecter les régions HBD que les ROHs de 1 cM de GERMLINE (Browning et Browning 2010), il les détecte moins bien que les ROHs utilisant les seuils d'Howrigan et coll. (2011).

6 Résumé

Dans ce chapitre, nous avons divisé les méthodes permettant d'estimer le coefficient de consanguinité génomique *f* en présence de LD en 4 types (Figure 2.3).

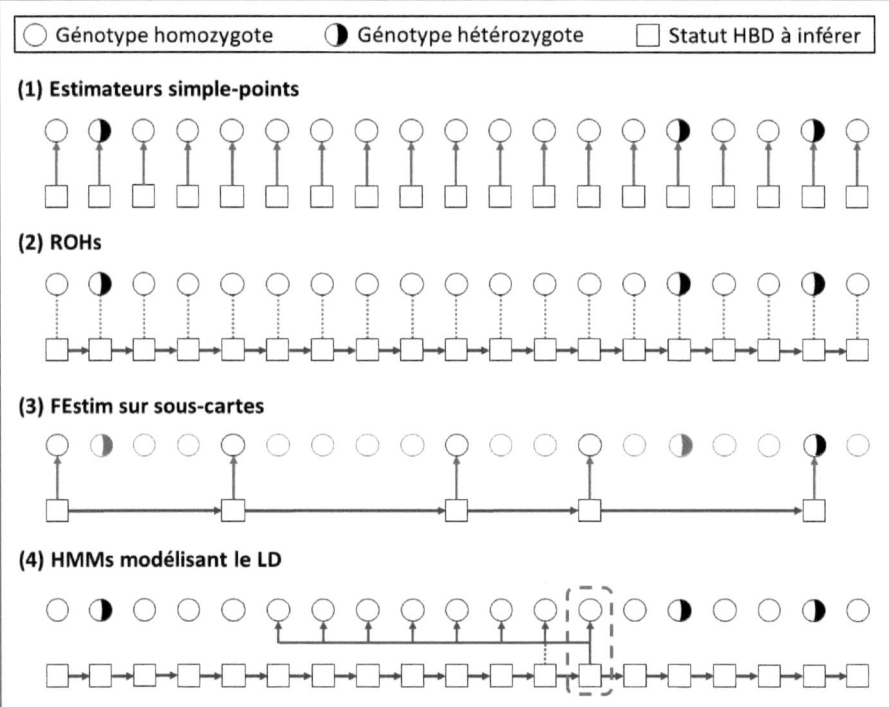

Figure 2.3 : Différents types de modélisation de l'homozygotie par descendance en présence de déséquilibre de liaison (LD). (1) Estimateurs simple-points : considèrent uniquement les fréquences alléliques. (2) ROHs : considèrent uniquement la dépendance entre marqueurs HBD. (3) FEstim sur sous-cartes : considère la dépendance entre marqueurs HBD et les fréquences alléliques sur une carte minimisant le LD. (4) HMMs modélisant le LD : considèrent la dépendance entre marqueurs HBD et intègrent le LD pour le calcul des fréquences haplotypiques. Le marqueur entouré en gris dépend des génotypes précédents (modélisation du LD).
Les flèches horizontales représentent la dépendance des états HBD. Les flèches verticales représentent l'utilisation de fréquences alléliques. La grande branche verticale représente la modélisation du LD pour le calcul de fréquences haplotypiques.

Le premier est celui des estimateurs simple-points, qui se basent sur les fréquences alléliques pour estimer f comme l'excès d'homozygotie du génome dû à la consanguinité (Purcell et coll. 2007) ou comme une moyenne d'estimations indépendantes à chaque marqueur (Yang et coll. 2010). Ce type de méthodes ne prend pas en compte la dépendance des marqueurs HBD et dépend donc uniquement des fréquences alléliques.

Inversement, les ROHs dont la longueur excède un certain seuil peuvent être utilisés pour détecter des segments HBD. On peut ainsi obtenir une estimation du coefficient de consanguinité en quantifiant la longueur de ces ROHs sur le génome (McQuillan et coll. 2008). Cette estimation ne dépend donc pas de la fréquence allélique mais du seuil de longueur dont le choix est crucial. En effet, tous les ROHs ne sont pas HBD puisque les plus petits d'entre eux sont généralement une résultante du LD (Sabatti et Risch 2002). Cependant, il n'existe toujours pas de consensus dans la littérature quant au choix de ce seuil.

Une autre stratégie pour différencier les ROHs qui sont HBD de ceux qui sont dus au LD, est d'utiliser les fréquences haplotypiques. En effet, une région homozygote a plus de chance d'être due au LD qu'à la consanguinité si la fréquence de son haplotype est élevée. Pour ainsi tenir compte des fréquences haplotypiques et de la dépendance dans les états HBD à des locus adjacents, le processus HBD d'un individu peut être modélisé par une chaine de Markov cachée (ou *hidden Markov model*, HMM) (Leutenegger et coll. 2003). Le logiciel FEstim permet ainsi d'estimer f et de détecter les segments HBD d'un individu. Sa HMM estime les fréquences haplotypiques en multipliant les fréquences alléliques, ce qui rend ce modèle inadapté en présence de LD. Une première solution est donc de sélectionner un sous-ensemble de marqueurs minimisant le LD des données (Polasek et coll. 2010). Cette approche ne prend donc pas en compte toutes les informations génétiques disponibles et les plus petits segments HBD peuvent ne pas être détectés.

Une deuxième solution, qui paraît la plus séduisante, est d'intégrer le LD de la population pour les calculs des fréquences haplotypiques au sein d'une HMM modélisant le processus HBD d'un individu (Wang et coll. 2006, Albrechtsen et coll. 2009, Browning et Browning 2010, Han et Abney 2013). Ces modèles ont été développés dans l'unique but de détecter des segments IBD et/ou HBD, mais peuvent aussi servir à estimer f.

7 Supplément

	$X_k = 0$	$X_k = 1$
$X_{k-1} = 0$	$P(Y_k = AA\|Y_{k-1} = AA) = \left((1-\varepsilon)^2 \frac{p_{AA}}{p_{A^k}^2} + \varepsilon(2-\varepsilon)p_{A^k}^2\right)(1-\tau)$	$P(Y_k = AA\|Y_{k-1} = AA) = \left((1-\varepsilon)^2 \frac{p_{AA}}{p_{A^{k-1}}} + \varepsilon(1-\varepsilon)(p_{A^k} + \varepsilon p_{A^k}^2)\right)(1-\tau)$
	$P(Y_k = Aa\|Y_{k-1} = AA) = 2p_{A^k}p_{a^k}(2-\varepsilon)(1-\varepsilon)p_{A^k}p_{a^k})(1-\tau)$	$P(Y_k = Aa\|Y_{k-1} = AA) = 2\varepsilon p_{A^k}p_{a^k}(1-\tau)$
	$P(Y_k = aa\|Y_{k-1} = AA) = \left((1-\varepsilon)^2 \frac{p_{aa}}{p_{A^{k-1}}^2} + \varepsilon(2-\varepsilon)p_{a^k}^2\right)(1-\tau)$	$P(Y_k = aa\|Y_{k-1} = AA) = \left((1-\varepsilon)^2 \frac{(p_{AA}p_{A^{k-1}} + p_{AA}p_{A^{k-1}})}{2p_{A^{k-1}}p_{A^k}} + 2\varepsilon(1-\varepsilon)p_{A^k} + 2\varepsilon p_{A^k}^2\right)(1-\tau)$
	$P(Y_k = AA\|Y_{k-1} = Aa) = \left((1-\varepsilon)^2 \frac{p_{AA}p_{aa} + p_{Aa}p_{aA}}{p_{A^{k-1}}p_{a^{k-1}}} + 2\varepsilon(1-\varepsilon)p_{A^k}p_{a^k} + \varepsilon p_{A^k}^2\right)(1-\tau)$	$P(Y_k = Aa\|Y_{k-1} = Aa) = 2\varepsilon p_{A^k}p_{a^k}(1-\tau)$
	$P(Y_k = Aa\|Y_{k-1} = Aa) = \frac{(1-\varepsilon)^2 p_{AA}p_{A^k} + 2\varepsilon(1-\varepsilon)p_{A^k} \cdot p_{A^k}p_{a^k} + 2\varepsilon p_{A^k}^2 p_{a^k} - p_{A^k}^2 p_{a^k}^2}{(1-\varepsilon)p_{A^{k-1}} + \varepsilon p_{A^{k-1}}^2}$	$P(Y_k = Aa\|Y_{k-1} = Aa) = \frac{(1-\varepsilon)^2 p_{AA}p_{A^{k-1}} + \varepsilon(1-\varepsilon)p_{A^{k-1}}(p_{A^{k-1}} + p_{A^k}) + \varepsilon^2 p_{A^{k-1}}^2 p_{A^k}^2}{(1-\varepsilon)p_{A^{k-1}} + \varepsilon p_{A^{k-1}}^2}(1-\tau)$
	$+ \frac{(1-\varepsilon)^2(p_{aa}p_{A^k} + p_{Aa}p_{a^k}) + 2\varepsilon(1-\varepsilon)p_{A^k-1}p_{A^k}p_{a^k}}{(1-\varepsilon)p_{A^{k-1}} + \varepsilon p_{A^{k-1}}^2}(1-\tau)$	
	$P(Y_k = aa\|Y_{k-1} = Aa) = \left((1-\varepsilon)^2 \frac{p_{Aa}p_{aa}}{p_{A^{k-1}}p_{a^{k-1}}} + \varepsilon(2-\varepsilon)p_{a^k}^2\right)(1-\tau)$	$P(Y_k = aa\|Y_{k-1} = Aa) = \left((1-\varepsilon)p_{a^k} + \varepsilon^2 p_{a^k}^2\right)(1-\tau)$
	$P(Y_k = -\|Y_{k-1}) = \kappa$	$P(Y_k = -\|Y_{k-1}) = \tau$
$X_{k-1} = 1$	$P(Y_k = AA\|Y_{k-1} = AA)$	$P(Y_k = AA\|Y_{k-1} = AA) = 2\varepsilon p_{A^k}p_{a^k}(1-\tau)$
	$= \frac{(1-\varepsilon)^2 p_{AA}p_{A^k} + 2\varepsilon(1-\varepsilon)p_{A^k} \cdot p_{A^k}p_{a^k} + 2\varepsilon p_{A^k}^2 p_{a^k}^2}{(1-\varepsilon)p_{A^{k-1}} + \varepsilon p_{A^{k-1}}^2}(1-\kappa)$	
	$P(Y_k = Aa\|Y_{k-1} = AA)$	$P(Y_k = Aa\|Y_{k-1} = AA) = 2\varepsilon p_{A^k}p_{a^k}(1-\tau)$
	$= \frac{(1-\varepsilon)^2(p_{AA}p_{A^k} + p_{Aa}p_{a^k}) + 2\varepsilon(1-\varepsilon)p_{A^k-1}p_{A^k}p_{a^k}}{(1-\varepsilon)p_{A^{k-1}} + \varepsilon p_{A^{k-1}}^2}(1-\kappa)$	
	$P(Y_k = aa\|Y_{k-1} = AA) = \left((1-\varepsilon)^2 \frac{p_{Aa}p_{aa}}{p_{A^{k-1}}p_{a^{k-1}}} + \varepsilon(2-\varepsilon)p_{a^k}^2\right)(1-\kappa)$	$P(Y_k = aa\|Y_{k-1} = Aa) = \left((1-\varepsilon)p_{a^k} + \varepsilon^2 p_{a^k}^2\right)(1-\tau)$
	$P(Y_k = AA\|Y_{k-1} = Aa) = p_{A^k}^2(1-\kappa)$	$P(Y_k = Aa\|Y_{k-1} = Aa) = 2p_{A^k}p_{a^k}(1-\kappa)$
	$P(Y_k = Aa\|Y_{k-1} = Aa) = 2p_{A^k}p_{a^k}(1-\kappa)$	$P(Y_k = aa\|Y_{k-1} = Aa) = p_{a^k}^2(1-\kappa)$
	$P(Y_k = aa\|Y_{k-1} = Aa) = p_{a^k}^2(1-\kappa)$	
	$P(Y_k = -\|Y_{k-1}) = \kappa$	$P(Y_k = -\|Y_{k-1}) = \tau$

Table 2.6 : Probabilités d'émission $P(Y_k|X_k, X_{k-1}, Y_{k-1})$. X_k et Y_k sont l'état HBD et le génotype au marqueur k. p_{A^k} et p_{a^k} sont les fréquences des allèles A et a au marqueur k. $p_{A^{k-1}}$ et $p_{a^{k-1}}$ sont les fréquences des allèles A et a au marqueur $k-1$. p_{AA}, p_{Aa}, p_{aA} et p_{aa} sont les fréquences des haplotypes AA, Aa, aA et aa, le premier allèle étant celui du marqueur $k-1$. ε est l'erreur de génotypage. κ et τ sont les probabilités d'observer des données manquantes sur une région non-HBD et HBD.

CHAPITRE 3 - COMPARAISON DE METHODES PAR SIMULATIONS

Comme décrit dans le chapitre précédent, plusieurs méthodes existent pour estimer la consanguinité et modéliser le processus HBD d'un individu tout en prenant en compte le LD de sa population. Cependant, ces méthodes n'ont jamais toutes été comparées simultanément. De rares études en comparent certaines, mais toutes utilisent différents scénarios de simulation et différents niveaux de LD dans leurs données. Leurs résultats sont donc difficiles à exploiter, et les propriétés de ces méthodes restent donc mal connues.

Le premier but de ce chapitre est de comparer ces méthodes selon leur estimation du f, et selon leur détection des segments HBD. Un processus de simulations sera mis au point pour simuler un échantillon d'individus, tout en faisant varier et en contrôlant le processus HBD de chacun de ses individus.

Une fois les f estimés et les segments HBD détectés sur un échantillon, il est intéressant de pouvoir tester si un individu est consanguin (i.e. tester si $f > 0$ significativement). Cependant, aucune des méthodes décrites dans le chapitre précédent ne permet d'obtenir directement cette information. Nous proposerons donc différents méthodes permettant de réaliser un tel test. Nous les comparerons ensuite par simulations, et étudierons jusqu'à combien de générations la consanguinité reste détectable. Enfin, des simulations additionnelles seront également effectuées afin de répondre aux questions suivantes : Est-ce que les méthodes s'améliorent si les données sont plus denses en SNPs ? Est-ce que les méthodes sont sensibles au niveau de LD de la population ?

CHAPITRE 3

1 Processus de simulation

Afin de comparer les différentes méthodes étudiant la consanguinité, il est nécessaire de pouvoir simuler un échantillon de population générale tout en respectant les contraintes suivantes :
- Connaitre la population fondatrice,
- Varier le niveau de consanguinité des individus de la population à étudier,
- Mémoriser leur processus HBD,
- Avoir une structure de LD adaptée aux différentes origines des populations humaines.

Cette dernière condition est nécessaire pour pouvoir étudier le choix des seuils de ROHs sur des données humaines.

Il n'existe aucun logiciel permettant la création d'un tel échantillon. Pour cette raison, nous avons décidé de créer un échantillon à partir d'individus simulés indépendamment. Le processus HBD de chaque individu sera créé à partir d'une généalogie définie, et leurs génotypes créés à partir d'un jeu d'haplotypes réels. Ces haplotypes seront donc considérés comme ceux de la population fondatrice.

1.1 Simulation d'un échantillon

Nous avons décidé de simuler un échantillon de 300 individus se décomposant ainsi :
- 6 individus issus de cousins germains (1C),
- 6 individus issus de cousins au deuxième degré (2C),
- 18 individus issus de cousins au troisième degré (3C),

- 30 individus issus de cousins au quatrième degré (4C),
- 240 individus issus de parents non apparentés (OUT, comme *outbred*).

Cet échantillon contient donc 4 % d'individus consanguins issus de cousins du 1er et 2ème degré, ce qui est cohérent avec ce que l'on observe dans la population française sur la Figure 0.1. La proportion d'individus consanguins au-delà de ce degré d'apparentement n'étant pas renseignée, les proportions de 3C et 4C ont été choisies arbitrairement. Selon les probabilités de la Table 1.1, cela représente 13.9 et 10.5 individus 3C et 4C avec au moins un segment HBD (i.e. $f > 0$). Nous n'avons pas simulé de consanguinité plus ancienne que celle des 4C, car il s'agit de la première génération à partir de laquelle le nombre moyen de segment HBD est inférieur à 1 (Table 1.1). Si on revient à la définition de population fondatrice (partie 2.4 du chapitre 1), cela revient donc à considérer un ancêtre commun comme venant de 6 générations dans le passé.

Avant de simuler les données SNPs de chaque individu, leur processus HBD a d'abord été simulé à partir de leur généalogie (Figure 3.1 pour plus de détails). Pour simuler un génome réaliste, de « vrais » haplotypes humains ont été utilisés. Pour les différents scénarios, 100 réplicats ont été simulés.

CHAPITRE 3

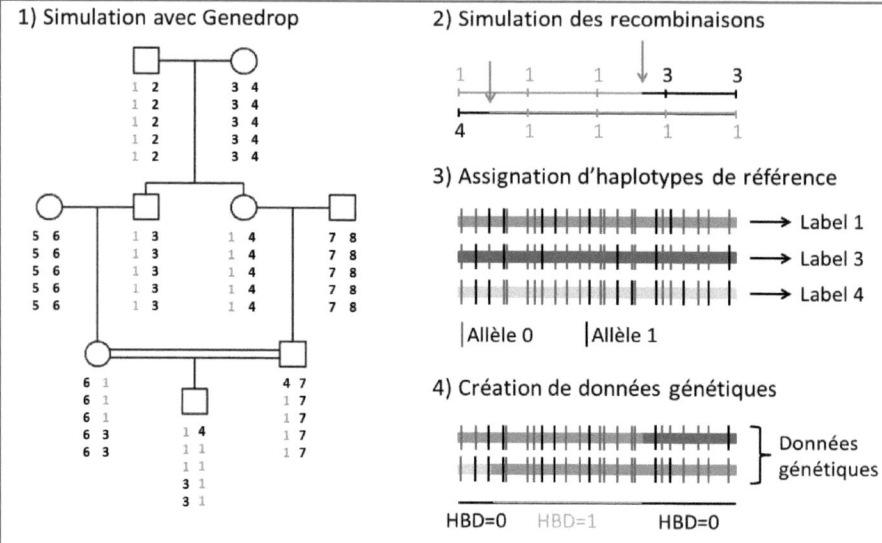

Figure 3.1: Exemple de la simulation du génome d'un individu.
Etape 1 : le programme Genedrop de MORGAN2.9 est utilisé pour simuler le processus de recombinaisons d'une généalogie définie (ici un individu issu de cousins germains). Comme le temps de simulation est trop long avec une carte dense (~ 11 heures pour un pedigree avec ~ 1 million de marqueurs), une carte avec un marqueur tous les 0.05 cM (~ 10 minutes pour ~ 60 000 marqueurs) a été utilisée. Les nombres sous les individus représentent les labels fondateurs, i.e. les labels de chaque haplotype fondateur (ici 8).
Etape 2 : quand deux marqueurs adjacents ont différentes paires de labels fondateurs, la position exacte de l'enjambement est simulée par une loi uniforme. Ici, les deux premiers marqueurs, localisés à 0 cM et 0.05 cM, ont les paires de labels fondateurs 1/4 et 1/1. Cela signifie qu'un enjambement a eu lieu sur l'haplotype paternel entre les labels fondateurs 1 et 4. La position de l'enjambement a donc été simulé à y cM, où y suit une loi uniforme entre 0 et 0.05 cM.
Etape 3 : un haplotype de référence est assigné à chaque label fondateur.
Etape 4 : le génome d'un individu est créé. Les « vraies » régions HBD sont celles où les labels fondateurs sont les mêmes pour les deux haplotypes de l'individu.

1.2 Haplotypes fondateurs

Pour les simulations principales, 2 706 individus non apparentés de la cohorte anglaise née en 1958 du consortium cas-témoins du Wellcome Trust (ou 1958 *British Birth Cohort* du *Wellcome Trust Case Control Consortium*, WTCCC), génotypés sur une puce Affymetrix 6.0 (Wellcome Trust Case Control

Consortium 2007, Barrett et coll. 2009), ont été utilisés pour générer un large jeu de 5 412 haplotypes. Nous avons phasé ces données avec SHAPEIT version 2 (Delaneau et coll. 2013).

Pour simuler différents panels de SNPs et différents niveaux de LD, le release 2 du panel HapMap III (Altshuler et coll. 2010) a été utilisé. En effet, ce panel se décompose en 11 populations (Figure 1.5) génotypées pour les puces SNPs Affymetrix 6.0 et Illumina Human 1M, et ses haplotypes sont disponibles sur le site d'HapMap. Nous avons sélectionné les haplotypes d'individus non apparentés (selon Pemberton et coll. 2010) de 3 populations d'origines différentes :
- 226 haplotypes d'individus Yoruba venant d'Ibadan au Nigeria (YRI),
- 232 haplotypes d'individus de l'Utah avec des origines d'Europe du nord et de l'ouest (CEU),
- 340 haplotypes d'individus Han chinois de Beijing (CHB) et Japonais de Tokyo (JPT).

Quatre panels de SNPs ont ensuite été considérés :
- AFFY : les marqueurs de la puce SNP Affymetrix v6.0 (517 291 SNPs pour les haplotypes WTCCC et 517 815 SNPs pour les haplotypes HapMap),
- ILLU : les marqueurs de la puce SNP Illumina Human 1M (649 566 SNPs pour les haplotypes HapMap),
- ALL : l'union des 2 puces (987 221 SNPs pour les haplotypes HapMap),
- AFFY_ILLU : l'intersection des 2 puces (180 160 SNPs pour les haplotypes HapMap).

Ces SNPs ont été obtenus après une étape de contrôle qualité (ou *quality control*, QC) du release 2 d'HapMap III, similaire à celle effectuée sur le release 3 dans la partie 2.1 du chapitre 4. Chaque SNP a été annoté avec la seconde génération de carte génétique de l'université de Rutgers (Matise et coll. 2007), estimée en observant la recombinaison sur de grandes généalogies. La liste des marqueurs de chaque panel de SNPs a également été tirée du site de Rutgers [compgen.rutgers.edu/maps].

1.3 Définition de f_{true}

Pour définir les « vraies » régions HBD de chaque individu, les labels fondateurs de Genedrop ont été utilisés (Figure 3.1). Pour chaque réplicat, le vrai coefficient de consanguinité (f_{true}) de chacun des 300 individus a été calculé en divisant la taille du génome en cM qui est HBD, par la taille totale du génome calculée en sommant les distances en cM entre le premier et dernier marqueur de chaque autosome. Le choix d'une distance génétique en cM plutôt qu'en distance physique ou en nombre de marqueurs a été décidé car cette mesure avait une plus petite erreur quadratique (ou *mean square error*, MSE) quand on la comparait au coefficient de consanguinité de la généalogie f_g (Figure 3.15, voir suppléments de ce chapitre).

1.4 Description et validation des simulations

Notre processus de simulation a été validé en comparant le nombre de segments HBD par individu (Table 3.1) et la longueur moyenne des segments HBD (Table 3.2) aux valeurs théoriques. A noter que les nombres attendus de segments de la Table 1.1 sont différents de ceux de la Table 3.1. Les premiers sont calculés pour tous les individus issus d'un type de généalogie, alors que les seconds sont calculés uniquement pour les individus considérés comme consanguin par leur génome ($f_{true}>0$).

	f_g	Probabilité de n'avoir aucun segment HBD chez un individu	# segments HBD par individu consanguin (f_{true} > 0)		
			Total	0-2 cM	2-4 cM
1C	1/16	0.00 (4.5 x 10^{-7})	14.75 (14.61)	1.74 (1.65)	1.60 (1.47)
2C	1/64	0.01 (0.01)	4.94 (4.81)	0.77 (0.71)	0.66 (0.61)
3C	1/256	0.29 (0.23)	2.06 (1.90)	0.39 (0.35)	0.32 (0.29)
4C	1/1028	0.67 (0.65)	1.36 (1.26)	0.36 (0.26)	0.24 (0.20)

Table 3.1: Nombre de segments HBD par individu consanguin (f_{true} > 0). Les valeurs ont été obtenues sur nos 100 réplicats, les valeurs théoriques sont entre parenthèses. Pour les valeurs théoriques, voir partie 2.2 du chapitre 1.

	Longueur des segments HBD (cM)					
	Min.	1er Quartile	Médiane	Moyenne	3ème Quartile	Max.
1C	0.003	4.49	10.87	15.28 (16.67)	21.48	152.6
2C	0.010	3.33	8.15	11.7 (12.50)	16.61	82.05
3C	0.015	2.68	6.65	9.52 (10.00)	13.34	84.72
4C	0.021	1.90	4.87	7.41 (8.33)	9.96	74.72

Table 3.2: Longueur des segments HBD. Les valeurs ont été obtenues sur nos 100 réplicats, les valeurs théoriques sont entre parenthèses. Seuls les individus consanguins (f_{true} > 0) ont été utilisés. Pour les valeurs théoriques, voir partie 2.2 du chapitre 1.

2 Méthodes comparées

Le but de ce chapitre est de comparer les estimateurs décrits dans le précédent.

Pour les estimateurs simple-points, ceux de PLINK (PLINK) et de GCTA (GCTA1, GCTA2, GCTA3) ont été appliqués sur chaque réplicat de 300 individus. Les estimations négatives ont toutes été mises à 0.

Quatre seuils de ROHs vont également être utilisés : 1 000 kb (ROH_1Mb), 1 500 kb (ROH_1.5Mb), 1 cM (ROH_1cM) et ceux d'Howrigan et coll. (ROH_50SNP). McQuillan et coll. (2008) ont initialement proposés d'estimer f par un rapport de distances physiques. Durant cette thèse, nous avons observé qu'utiliser des distances génétiques donnait de meilleures estimations (Figure 3.16, voir suppléments de ce chapitre). Cette estimation a donc été utilisée tout au long de la thèse et du manuscrit.

FEstim a été utilisé sur plusieurs types de sous-cartes : sur des données élaguées (FEstim_PRU, comme *pruned*), sur une sous-carte aléatoire avec un marqueur tous les 0.5 cM (FEstim_1SUB), et sur 100 sous-cartes aléatoires avec un marqueur tous les 0.5 cM (FEstim_SUBS). Les fréquences alléliques ont été estimées sur chaque réplicat.

Une autre stratégie pour minimiser le LD sans calculer de score est de s'appuyer sur la structure connue des blocs de LD et des points chauds de recombinaison (partie 4.4 du chapitre 2). Le projet HapMap propose une estimation des points chauds de recombinaison du génome humain. Pour cela, la méthode LDhot (McVean et coll. 2004, Winckler et coll. 2005) a été appliquée séparément sur chacune des populations YRI, CEU et CHB/JPT de la phase II du projet, afin de détecter les points chauds de ces populations à partir de leur structure de LD. Seuls les points chauds de recombinaison présents dans au moins 2 populations ont été sélectionnés et sont disponibles sur le site d'HapMap. Ces points chauds étant annotés en hg17, contre hg18 pour nos jeux de données, 32 990 des 32 996 points chauds ont été convertis en hg18 par hgLiftOver [genome.ucsc.edu/cgi-bin/hgLiftOver]. Nous avons donc aussi utilisé FEstim en sélectionnant, lorsque cela est possible, un marqueur au hasard entre chacun des 14 599 points chauds ayant une intensité d'au moins 10 cM/Mb (FEstim_HOT). Cette intensité a été sélectionnée après avoir observé qu'elle donnait de meilleures estimations de f que lorsque tous les points chauds avaient été conservés (Figure 3.17, voir suppléments de ce chapitre). On remarque également sur la Figure 1.3 que le choix de cette intensité ne sélectionne que 3 points chauds, ceux délimitant le mieux les blocs de LD.

Pour les HMMs modélisant le LD, l'option GIBDLD d'IBDLD et BEAGLE ont été appliqués sur chaque réplicat. A noter qu'IBDLD a été lancé avec l'option -MAF=0 pour garder tous les marqueurs. Pour 1 réplicat avec les haplotypes WTCCC, 2 réplicats avec les haplotypes CEU et le panel ILLU, et 7 réplicats avec les haplotypes JPT/CHB et le panel ALL, IBDLD n'a pas pu estimer ses paramètres à cause de la similitude des génotypes à des marqueurs consécutifs. Ces réplicats n'ont pas été gardés pour quantifier la qualité de GIBDLD.

Nous avons également implémenté les formules 2.3 et 2.4 (partie 4.1.2 du chapitre 2) dans FEstim, afin d'y inclure les fréquences haplotypiques à 2 locus. Les probabilités d'émission $P(Y_k|X_k)$ restent les mêmes, et les probabilités d'émission $P(Y_k|Y_h, X_h = X_k)$ sont les mêmes que celles de Wang et coll. (Table 2.6). Les paramètres d'erreur ε, κ et τ ont tous été fixés à 0.0001.

L'initialisation de la chaine de Markov est la même que celle de FEstim. Le marqueur h a été cherché parmi les 20 marqueurs précédents ayant le plus fort coefficient de corrélation. Pour estimer les probabilités haplotypiques, la méthode du maximum de vraisemblance de Hill (Hill 1974) a été implémentée, avec un minimum de fréquence haplotypique imposé à 0.0001. Ce modèle a été nommé FEstim_LD20. A noter qu'un modèle utilisant les probabilités d'émission $P(Y_k|Y_h, X_h=X_{k-1}, X_k)$ quand $X_k \neq X_{k-1}$ a aussi été testé, mais n'a pas été retenu, ne fournissant pas d'aussi bons résultats.

Ces différents estimateurs et leur temps de calcul sont résumés Table 3.4. Le nombre de marqueurs utilisés par ceux utilisant des données élaguées ou des sous-cartes est donné Table 3.3.

		Méthodes				
		ROH_50SNP	FEstim_PRU	FEstim_1SUB	FEstim_SUBS	FEstim_HOT
WTCCC		95 500	12 207	6 554	6 548	14 304
CEU	AFFY_ILLU	65 473	5 963	6 343	6 342	13 731
	AFFY	91 757	11 004	6 554	6 548	14 304
	ILLU	108 824	12 885	6 702	6 694	14 448
	ALL	122 289	17 195	6 729	6 718	14 485
YRI	AFFY_ILLU	84 798	-	-	6 342	13 731
	ALL	198 328	-	-	6 718	14 485
JPT/CHB	AFFY_ILLU	65 882	-	-	6 342	13 731
	ALL	116 669	-	-	6 718	14 485

Table 3.3 : Nombre de SNPs pour les méthodes utilisant des données élaguées ou des sous-cartes. ROH_50SNP et FEstim_PRU utilisent une différente sous-carte par réplicat, et le nombre donné est la moyenne du nombre de marqueurs sur les 100 réplicats. FEstim_1SUB et FEstim_HOT utilisent la même sous-carte pour chaque réplicat. FEstim_SUBS utilise les même 100 sous-cartes pour chaque réplicat, et le nombre donné est la moyenne du nombre de marqueurs des 100 sous-cartes.

Méthode	Type	Estimation de f	Description	§
PLINK		Proportion de marqueurs en excès d'homozygotie	Excès d'homozygotie	1.1
GCTA1	Estimateurs simple-points	Variance des genotypes recodés 0/1/2		1.2
GCTA2		Moyenne d'estimations simple-points indépendantes	Excès d'homozygotie	1.2
GCTA3			Corrélation des *uniting gametes*	1.2
ROH_1Mb			ROHs de 1 000 kb et 100 SNPs	2.1
ROH_1.5Mb	Régions d'homozygotie (ROHs)	Proportion du génome dans des ROHs	ROHs de 1 500 kb et 100 SNPs	2.1
ROH_1cM			ROHs de 1 cM et 100 SNPs	2.2
ROH_50SNP			ROHs de 50 SNPs sur des données élaguées	2.3
FEstim_PRU			FEstim sur des données élaguées	3.4.1
FEstim_1SUB	FEstim sur sous-cartes	Valeur δ maximisant la vraisemblance de la HMM	FEstim sur une sous-carte (1 SNP / 0.05 cM)	3.4.2
FEstim_SUBS			Médiane des estimations sur 100 sous-cartes	3.4.2
FEstim_HOT			FEstim sur des données délimitées par les points chauds de recombinaisons	-
FEstim_LD20		Valeur δ maximisant la vraisemblance de la HMM	FEstim conditionnant sur un des 20 marqueurs précédents	4.1.3
GIBDLD	HMMs modélisant le LD	Moyenne des probabilités *a posteriori* d'être HBD pondérées par la longueur génétique des chromosomes	HMM conditionnant sur les 20 marqueurs précédents	4.2
BEAGLE			BEAGLE avec le LD modélisé sur l'échantillon	4.3

Table 3.4: **Résumé des différentes approches estimant f comparées dans ce chapitre.** La dernière colonne indique la partie du chapitre 2 détaillant la méthode.
Pour un échantillon de 300 individus simulés avec le panel ALL, GCTA et PLINK ont nécessité 3 minutes chacun. FEstim sur des sous-cartes a nécessité aussi 3 minutes, sauf FEstim_SUBS qui a nécessité 2 heures. Pour FEstim_LD20, notre algorithme Perl pour calculer les probabilités haplotypiques entre chaque SNP et celui, parmi les 20 précédents, ayant le plus grand r^2 nécessite 6 heures. Notre version modifiée de FEstim a nécessité 3 heures. Finalement, IBDLD a tourné 3 heures, et BEAGLE 12 heures. Ces temps de calculs ont été obtenus avec un serveur Debian 6 utilisant 2 processeurs Intel Xeon E5540 de 2.53 GHz (2x4 cores, 2x8 threads).

Selon les méthodes considérées, les segments HBD étaient soit les ROHs, soit, pour les méthodes utilisant des HMMs, les régions du génome avec des marqueurs ayant des probabilités *a posteriori* d'être HBD > 0.5. Pour FEstim_SUBS, si un marqueur été utilisé par plusieurs sous-cartes, la moyenne des probabilités *a posteriori* d'être HBD a été reportée. Pour éviter l'impact d'une seule sous-carte, seuls les segments avec au moins 5 marqueurs ont été conservés.

3 Estimation de la consanguinité

3.1 Mesure de la qualité d'un estimateur

Soit $f_{true}^{(i)}$ et $\hat{f}^{(i)}$ les valeurs simulées et estimées du coefficient de consanguinité pour l'individu i, et $\Delta f^{(i)} = \hat{f}^{(i)} - f_{true}^{(i)}$ leur différence. Pour chaque estimateur, la qualité de l'estimation de f a été quantifiée par le biais (*bias*) de Δf, son écart-type (*standard deviation*, sd) et la racine carrée de son erreur quadratique (*root mean square error*, RMSE) :

$$bias(\Delta f) = \frac{1}{n}\sum_{i=1}^{n} \Delta f^{(i)},$$

$$sd(\Delta f) = \sqrt{\frac{1}{n}\sum_{i=1}^{n}\left[\left(\Delta f^{(i)} - bias(\Delta f)\right)^2\right]},$$

$$RMSE(\Delta f) = \sqrt{[bias(\Delta f)]^2 + [sd(\Delta f)]^2} = \sqrt{\frac{1}{n}\sum_{i=1}^{n}\left[\left(\Delta f^{(i)}\right)^2\right]},$$

avec *n* le nombre de valeurs estimées.

3.2 Résultats

Les performances des différents estimateurs ont été comparées sur les 5 différents types de consanguinité (1-4C et OUT) des réplicats simulés à partir des haplotypes WTCCC (Figure 3.2). Les biais, écart-types et RMSEs des estimateurs ont été obtenus sur une personne tirée au hasard dans chaque réplicat (pour un total de 100 observations par type de consanguinité). Pour certaines des généalogies consanguines, des descendants sans segments HBD ont été trouvés. Cela a été observé dans nos simulations pour environ 1 % des 2C, 29 % des 3C et 67 % des 4C, mais pour aucun des 1C (Table 3.1), ces proportions étant concordantes avec la théorie. Pour cette raison, nous ne considérerons que les 2-4C qui ont au moins un segment HBD ($f_{true} > 0$) pour les études à venir.

Les estimateurs simple-points sous-estiment systématiquement f. Pour les descendances avec un f proche ou égal à 0 (4C et OUT), les biais sont positifs seulement puisque les estimations négatives ont été mises à 0. Les écarts-types, et dans une moindre mesure les RMSEs, sont supérieurs à ceux obtenus avec les autres estimateurs, qui utilisent tous l'information des marqueurs adjacents.

Les estimateurs basés sur les ROHs ont des performances variant fortement en fonction du seuil utilisé. Par rapport aux 14 autres estimateurs, ROH_50SNP propose les RMSEs les plus bas pour tous les consanguins. Des biais positifs beaucoup plus grands ont été observés avec les seuils de 1 000 kb ou de 1 cM, suggérant que certains des ROHs, plus grands que ces seuils, pourraient être dus au LD. Pour un seuil donné, leurs résultats sont dans l'ensemble très similaires quelle que soit la généalogie.

Les estimations obtenues à l'aide de FEstim ont un biais proche de 0, mais un écart-type autour de 0.005 pour les 1C, qui décroit avec la profondeur de la généalogie. L'utilisation de plusieurs sous-cartes (FEstim_SUBS) plutôt que d'une seule (FEstim_1SUB) fournit une estimation plus robuste. L'amélioration par rapport à FEstim_HOT est cependant limitée. Cette stratégie, beaucoup moins couteuse en temps de calculs, pourrait donc être intéressante. En effet, elle a l'avantage de FEstim_SUBS de ne pas quantifier le LD sur les données, permettant ainsi de l'utiliser sur de petits échantillons, sans son inconvénient principal : le temps de calcul.

En comparant les différentes méthodes modélisant le LD de la population au sein d'une HMM, nous avons constaté que FEstim_LD20 avait un biais beaucoup plus élevé que les autres méthodes (autour de 0.03). GIBDLD propose de bonnes estimations quelle que soit la généalogie, alors que BEAGLE sous-estime les coefficients de consanguinité pour les 1C.

Ces résultats montrent que, dans l'ensemble, les différentes méthodes donnent des résultats similaires. Cinq méthodes montrent néanmoins les plus petits RMSEs quelle que soit la généalogie : ROH_1.5Mb, ROH_50SNP, FEstim_SUBS, FEstim_HOT et GIBDLD. Nous les avons donc sélectionnées pour les comparaisons à venir.

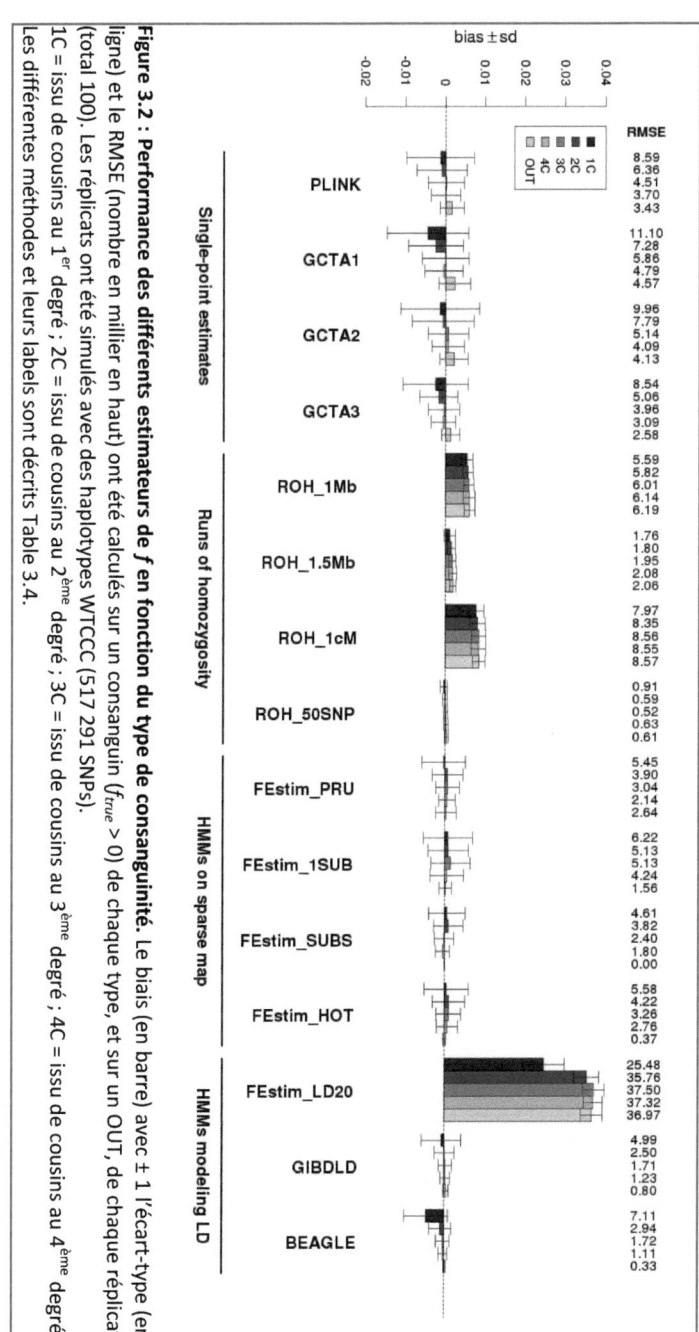

Figure 3.2 : Performance des différents estimateurs de f en fonction du type de consanguinité. Le biais (en barre) avec ± 1 l'écart-type (en ligne) et le RMSE (nombre en millier en haut) ont été calculés sur un consanguin ($f_{true} > 0$) de chaque type, et sur un OUT, de chaque réplicat (total 100). Les réplicats ont été simulés avec des haplotypes WTCCC (517 291 SNPs).
1C = issu de cousins au 1er degré ; 2C = issu de cousins au 2ème degré ; 3C = issu de cousins au 3ème degré ; 4C = issu de cousins au 4ème degré. Les différentes méthodes et leurs labels sont décrits Table 3.4.

4 Détection des segments HBD

4.1 Mesure de la qualité de détection des segments HBD

Pour quantifier la qualité de détection des segments, nous avons tout d'abord divisé, pour chaque méthode, le génome de chaque individu en 4 parties : vrai négatif (*true negative*, TN), vrai positif (*true positive*, TP), faux négatif (*false negative*, FN), et faux positif (*false positive*, FP), comme résumé Figure 3.3.

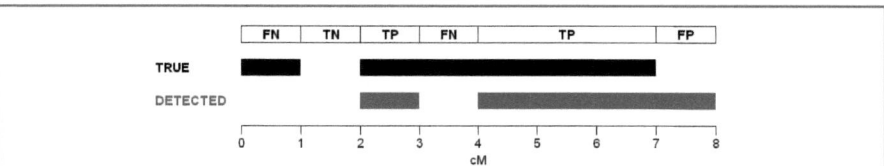

Figure 3.3 : Découpage du génome pour mesurer la qualité de détection des segments HBD. En fonction des vrais segments HBD (*TRUE*) et des segments détectés comme étant HBD (*DETECTED*), le génome est découpé en 4 parties : vrai négatif (*true negative*, TN), vrai positif (*true positive*, TP), faux négatif (*false negative*, FN), et faux positif (*false positive*, FP)

Pour comparer chaque méthode, nous avons premièrement calculé, pour chacune d'entre elles, le taux de vrai positif (*True Positive Rate*, TPR) et le taux de faux positif (*False Positive Rate*, FPR) du processus HBD du génome de 100 individus (1 par réplicat). Le TPR est le ratio entre la taille des 100 génomes qui est correctement inférée comme HBD et la taille des 100 génomes qui est HBD. Le FPR est le ratio entre la taille des 100 génomes qui est incorrectement inférée comme HBD et la taille des 100 génomes qui est non HBD. Ces deux valeurs ont été calculées avec les formules suivantes :

$$TPR = \frac{\sum_{i=1}^{n}\sum_{c=1}^{22}TP_{i,c}}{\sum_{i=1}^{n}\sum_{c=1}^{22}TP_{i,c}+FN_{i,c}} \text{ et } FPR = \frac{\sum_{i=1}^{n}\sum_{c=1}^{22}FP_{i,c}}{\sum_{i=1}^{n}\sum_{c=1}^{22}FP_{i,c}+TN_{i,c}},$$

où $TP_{i,c}$ (resp. $FN_{i,c}$, $FP_{i,c}$ et $TN_{i,c}$) est la longueur génétique du chromosome c du $i^{ème}$ individu qui est FP (resp. FN, FP et TN). Dans l'exemple de la Figure 3.3, on a $TP_{i,c}$ = 4 cM, $FN_{i,c}$ = 2 cM, $FP_{i,c}$ = 1 cM et $TN_{i,c}$ = 1 cM, ce qui donne TPR = 4/6 et FPR = 1/2

Dans un deuxième temps, nous avons cherché à répondre aux deux questions suivantes : 1) A partir de quelle taille un vrai segment HBD est détecté ? et 2) A partir de quelle taille un segment détecté comme étant HBD est fiable ? Nous avons donc mesuré : 1) pour chaque vrai segment HBD, la proportion qui est correctement détectée comme HBD, et 2) pour chaque segment détecté comme étant HBD, la proportion qui est réellement HBD. Nous avons appelé ces 2 proportions RTP (comme *ratio of true positive*) et RFP (comme *ratio of false positive*), et les avons calculées ainsi:

$$RTP_r = \frac{TP_r}{TP_r + FN_r} \text{ et } RFP_d = \frac{FP_d}{FP_d + TP_d},$$

où RTP_r est le RTP du vrai segment HBD r, RFP_d est le RFP du segment détecté comme étant HBD d, TP_r (resp. FN_r) la longueur TP (resp. FN) du segment r, et FP_d (resp. TP_d) la longueur FP (resp. TP) du segment d. Dans l'exemple de la Figure 3.3, les RTPs des deux vrais segments HBD sont 0 et 4/5, et les RFPs des deux segments détectés comme étant HBD sont 0 et 1/4.

4.2 Résultats

Les 5 méthodes sélectionnées (ROH_1.5Mb, ROH_50SNP, FEstim_SUBS, FEstim_HOT et GIBDLD) ont été comparées en mesurant le TPR (Figure 3.4.A) et le FPR (Figure 3.4.B) du processus HBD du génome de 100 individus (1 par réplicat) en fonction des différents types de consanguinité. D'un point de vue général, les méthodes ROH_1.5Mb, ROH_50SNP et GIBDLD permettent de détecter autour de 95 % du génome HBD, quel que soit le type de consanguinité. Parmi ces 3 méthodes, GIBDLD est celle avec les plus petits FPRs, et semble donc la méthode la plus adaptée pour détecter des régions HBD du génome. FEstim_SUBS et FEstim_HOT, qui utilisent des sous-cartes, sont comme attendu moins adaptées. Plus la consanguinité est forte, plus leurs TPRs et leurs FPRs sont élevés. Ceci s'explique par le fait que le f estimé est un paramètre de la HMM, et qu'un f élevé autorisera plus facilement le changement d'état de HBD vers non HBD dans la chaine de Markov.

Enfin, la Figure 3.4.C montre que les méthodes ROH_1.5Mb, ROH_50SNP et GIBDLD permettent de détecter les segments HBD de plus de 5 cM avec un RTP élevé (autour de 80 %). Pour FEstim_SUBS et FEstim_HOT, on observe également que plus la consanguinité est forte plus les RTP sont élevés. FEstim_SUBS ne détecte pas très bien les petits segments HBD : chez les 1C et 2C, les RTPs ne sont supérieurs à 80 % que pour des segments de plus de 12 cM. Cependant, cela reste la seule méthode à avoir un RFP proche de 0 quelles que soient les tailles des segments détectés (Figure 3.4.D).

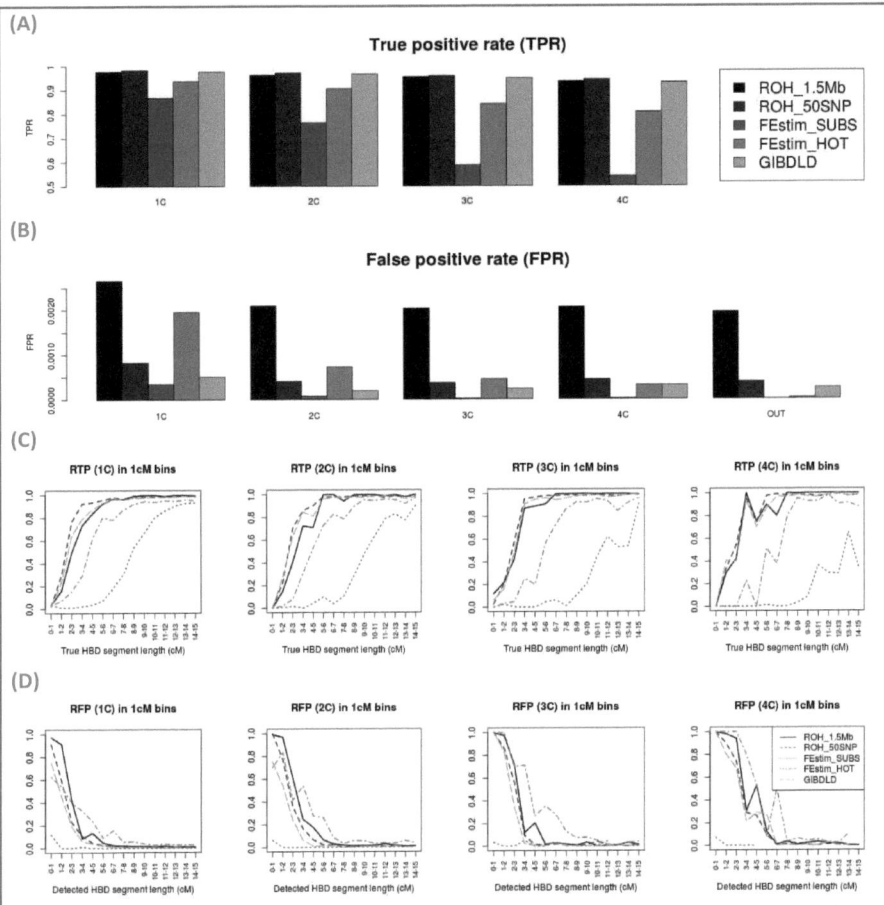

Figure 3.4 : Performance des méthodes sélectionnées pour détecter des segments HBD. La figure (A) montre le taux de vrai positif (*True Positive Rate*, TPR) et la figure (B) montre le taux de faux positif (*False Positive Rate*, FPR) du processus HBD du génome de 100 individus (1 par réplicat), pour chaque type de consanguinité. La figure (C) montre la moyenne des RTPs (*ratio of true positive*) et la figure (D) montre celle des RFPs (*ratio of false positive*) des segments de 100 individus consanguins (1 par réplicat) dans des fenêtres de 1 cM, pour chaque type de consanguinité. Les réplicats ont été simulés avec des haplotypes WTCCC (517 291 SNPs).

5 Détection de la consanguinité

Une fois que les estimations du coefficient de consanguinité sont obtenues, il est intéressant de pouvoir classifier les individus en deux groupes, consanguins et non-consanguins.

5.1 Test du rapport de vraisemblances

Pour les estimateurs utilisant FEstim, qui est la seule méthode disponible estimant f par maximum de vraisemblance, un test du rapport de vraisemblance, utilisant un χ^2 à deux degrés de liberté, permet de contraster la vraisemblance maximisée à celle d'être non-consanguin (Leutenegger et coll. 2011). Dans cette thèse, la vraisemblance d'être non-consanguin sera calculée en fixant les paramètres δ et a de la chaine de Markov à 0.001.

5.2 Extension d'ERSA aux segments HBD

Hormis le test du rapport de vraisemblance, aucun autre test n'a été proposé. Une première approche, assez naïve, serait d'inférer un individu comme consanguin si on lui a détecté au moins un segment HBD. Cependant, même avec un long seuil de longueur, il peut rester des ROHs dues au LD, et les HMMs modélisant le LD détectent encore beaucoup de petits segments IBD/HBD (Browning et Browning 2010, Han et Abney 2013). Cette approche ne semble donc pas adaptée.

Huff et coll. (2011) ont proposé une méthode permettant d'inférer deux individus comme apparentés à partir des segments IBD détectés dans une population. Cette méthode est implémentée dans le logiciel ERSA. Pour étendre cette méthode des segments IBD aux segments HBD, et ainsi adapter

ERSA à la consanguinité, on peut se servir du fait que le nombre et la taille des segments IBD entre deux individus apparentés au $n^{ième}$ degré suivent la même distribution que les segments HBD d'un individu dont les parents sont apparentés au $n\text{-}1^{ième}$ degré. Par exemple, le nombre et la taille attendus de segments IBD entre deux cousins au 2ème degré sont les mêmes que le nombre et la taille attendus de segments HBD entre un individu issu de deux cousins au 1er degré. Cette propriété nous a donc permis d'étendre l'approche d'ERSA à des segments HBD pour pouvoir tester si un individu est consanguin.

5.2.1 Hypothèse nulle

Dans cette nouvelle approche, l'hypothèse nulle H_0 est qu'un individu n'est pas plus consanguin qu'un autre individu pris au hasard dans la population. Dans ce cas, si on a détecté pour un individu des segments HBD, d'une taille supérieure à t cM, ils ne sont pas dus à la consanguinité mais à un contexte populationnel (*population background* en anglais). Ce contexte est représenté par :
- le nombre moyen η de segments HBD détectés par individu,
- la taille moyenne θ d'un segment HBD.

Ainsi la vraisemblance d'observer sous H_0 un set s de n segments de taille $s_1,...,s_n$ est noté :

$$L_P(n, s|t) = N_P(n|t).S_P(s|t),$$

avec :
- $N_P(n|t)$ une loi de Poisson de paramètre η,
- $S_P(s|t) = \prod_{i=1}^{n} F_P(s_i|t)$ la probabilité d'observer le set s,
- $F_P(s_i|t) = \frac{e^{-(s_i-t)/(\theta-t)}}{\theta-t}$ la probabilité d'observer un segment HBD de taille s_i, modélisée par une distribution exponentielle tronquée.

5.2.2 Hypothèse alternative

L'hypothèse alternative considère que les segments HBD d'un individu viennent d'ancêtres communs, et sont donc dus à la consanguinité, et du contexte populationnel. Ainsi la vraisemblance d'observer sous H_1 un set s de n segments de taille $s_1,...,s_n$ est noté :

$$L_R(n,s|t) = L_A(n_A, s_A|b, d, t).L_P(n_P, s_P|t)$$

avec :

- n_A le nombre de segments HBD venant d'ancêtres communs et n_P le nombre de segments HBD venant du contexte populationnel, tel que $n_A + n_P = n$,
- s_A le set de segments HBD venant d'ancêtres communs et s_P le set de segments HBD venant du contexte populationnel, tel que $s_A \cup s_P = s$, et tel que les n_A plus grands segments de s soient dans s_A,
- b le nombre d'ancêtres communs et d le nombre de méioses séparant un individu consanguin des ancêtres communs de ses parents (par exemple $b = 2$ et $d = 6$ pour un individu issu de cousins germains),
- $L_A(n_A, s_A|b, d, t) = N_A(n_A|b, d, t).S_A(s_A|d, t)$,
- $N_A(n_A|b,d,t) = \dfrac{e^{\frac{-b(rd+c)p(t)}{2^{d-1}}} \left[\frac{b(rd+c)p(t)}{2^{d-1}}\right]^n}{n!}$ la probabilité d'observer n_A segments dus à la consanguinité, avec $p(t) = e^{-dt/100}$ la probabilité qu'un segment HBD soit supérieur à t cM, $d = 22$ le nombre de chromosomes, et $r = 35.3$ la taille en morgan du génome,
- $S_A(s_A|d,t) = \prod_{i=1}^{n_A} F_A(s_{Ai}|t)$ la probabilité d'observer le set s_A,
- $F_A(s_{Ai}|t) = \dfrac{e^{-d(i-t)/100}}{100/d}$ la probabilité d'observer un segment HBD de taille s_{Ai}.

5.2.3 Test du maximum de vraisemblance

La vraisemblance de L_R est maximisée sur les paramètres n_A, b, et d. Un test du rapport de vraisemblance, contrastant la vraisemblance L_R maximisée à L_P, peut donc être utilisé pour inférer un individu comme consanguin. Ce rapport suit un χ^2 à deux degrés de liberté, les auteurs d'ERSA ayant montré que les paramètres b et d n'agissant que comme un seul paramètre.

5.3 Mesure de la qualité de prédiction

Pour évaluer la qualité de prédiction d'un test, les taux de vrais positifs (TPR), et de faux positifs (FPR) ont été calculés :

$$TPR = \frac{TP}{TP+FN} \text{ et } FPR = \frac{FP}{FP+TN}$$

avec TP (resp. FN) le nombre d'individus consanguins inférés comme consanguins (resp. non consanguins) et FP (resp. TN) le nombre d'individus non consanguins inférés comme consanguins (resp. non consanguins).

5.4 Résultats

Nous avons comparé la performance des 5 méthodes sélectionnées pour détecter des individus consanguins dans un échantillon.

Les méthodes basées sur FEstim (FEstim_HOT et FEstim_SUBS), utilisent le test du maximum de vraisemblance des HMMs. Pour FEstim_SUBS, qui utilise plusieurs sous-cartes, ce test a été réalisé sur chaque sous-carte, et la médiane des p-valeurs obtenues a été reportée. Les méthodes utilisant des ROHs ou détectant des segments HBD (GIBDLD et BEAGLE) utilisent notre adaptation de la méthode d'ERSA. Pour cela, nous avons mis en forme les fichiers d'entrées de façon à pouvoir adapter ce logiciel à la consanguinité, et suivi les options par défaut : seul les segments plus grands que 2.5 cM ont été conservés, et les paramètres η and θ ont été estimés sur les segments inférieurs à 10 cM de l'ensemble des individus.

Pour les 1C, nous avons observé que les TPRs sont toujours égaux à 1 quelle que soit la méthode, montrant qu'ils sont facilement détectables. Pour les consanguinités plus éloignées, ce n'est cependant plus le cas : comme prévu, le TPR diminue quand la boucle de consanguinité s'agrandit (Figure 3.5).

Ceci est concordant avec le fait que l'on attend de moins en moins de segments HBD (Table 3.1). FEstim_HOT montre des TPRs beaucoup plus élevés que les autres méthodes : ils sont autour de 1, 0.7 et 0.5 pour les 2C, 3C et 4C respectivement. Cependant, c'est aussi la méthode la moins robuste puisqu'elle a les FPRs les plus élevés mais le FPR reste tout de même faible (médiane à 0.02, au lieu de 0 pour les quatre autres tests). FEstim_SUBS a des TPRs légèrement plus élevés que les tests utilisant ERSA, tout en ayant des FPRs équivalents. Ce résultat est surprenant puisque FEstim_SUBS ne détecte pas de segments HBD aussi petits que les méthodes utilisant ERSA.

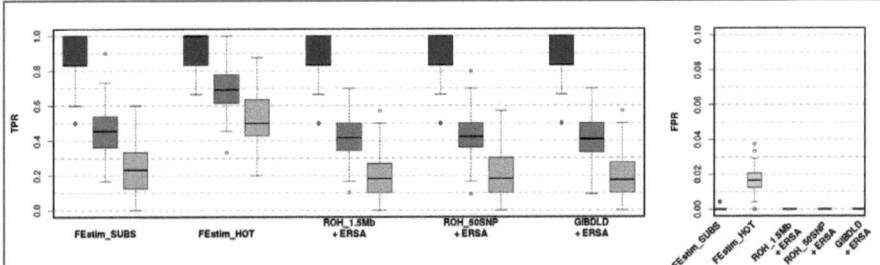

Figure 3.5 : Performance des méthodes sélectionnées pour détecter des individus consanguins. Cette figure montre les *boxplots* des taux de vrais positifs (TPRs) et de faux positifs (FPRs) pour les tests sur chaque réplicat, selon le type de consanguinité. FEstim_SUBS et FEstim_HOT utilisent le test de maximum de vraisemblance des HMMs. ROH_1.5Mb, ROH_50SNP et GIBDLD utilisent notre adaptation de la méthode d'ERSA. Les TPRs sur les 1C ne sont pas montrés car ils sont tous égaux à 1. Les réplicats ont été simulés avec des haplotypes WTCCC (517 291 SNPs).
Pour les couleurs, voir la légende de la Figure 3.2.

6 Influence du panel de SNPs et du niveau de LD

6.1 Influence du panel de SNPs

Les performances des différents estimateurs et tests ont également été comparées en utilisant des réplicats simulés à partir des haplotypes HapMap CEU et de 4 panels de SNPs différents (Figure 3.6). Les résultats obtenus avec le panel AFFY sont très proches de ceux obtenus avec les haplotypes WTCCC, montrant que la réduction du nombre d'haplotypes avec le panel HapMap n'influe pas sur les résultats (232 haplotypes CEU contre 5 412 WTCCC).

En général, les RMSEs sont plutôt petits pour les différentes méthodes sur les quatre panels de marqueurs. Nous n'avons pas observé d'amélioration de l'estimation et de la détection de la consanguinité en fonction du nombre de marqueurs. Les résultats sur les 1C (Figure 3.6.A), montrent que les biais de ROH_50SNP et GIBDLD deviennent moins négatifs avec le nombre de marqueurs. Comme les 1C ont beaucoup plus de petits segments HBD, cela voudrait dire que ces deux méthodes détectent plus de petits segments HBD quand plus de SNPs sont utilisés. Cependant, cela ne se vérifie pas lorsque l'on considère une consanguinité plus éloignée comme celle des 4C. Les RMSEs ont tendance à augmenter avec le panel ALL par rapport au panel AFFY_ILLU, ce qui suggère que sur ce premier panel, le LD n'a pas été bien pris en compte (Figure 3.6.B). Pour la détection de consanguinité, le TPR s'améliore légèrement avec le nombre de marqueurs (Figure 3.6.C). Enfin, ROH_1.5Mb est plus précis pour le panel AFFY_ILLU et les méthodes utilisant FEstim avec des sous-cartes ne sont, comme attendu, pas sensibles aux panels de SNPs.

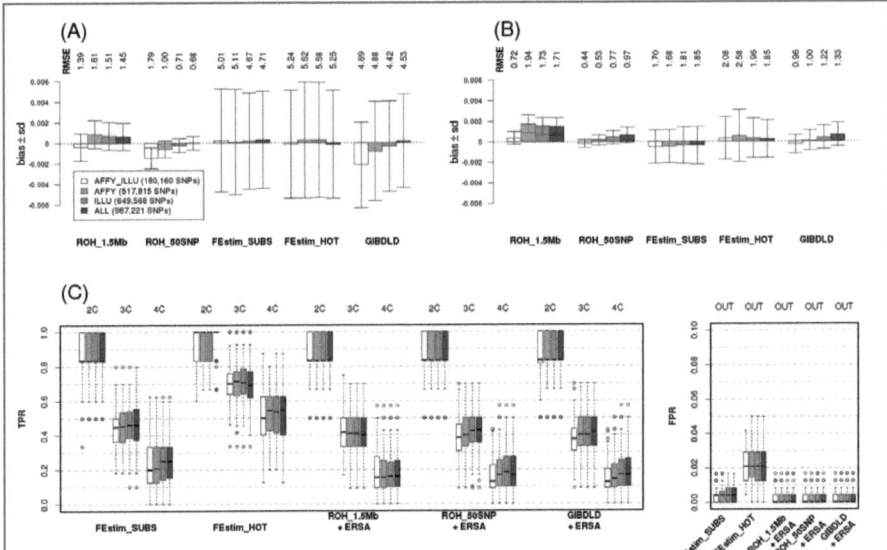

Figure 3.6 : Influence du nombre de marqueurs sur l'estimation et la détection de la consanguinité. Les figures (A) et (B) montrent la qualité des différents estimateurs sélectionnés pour les 1C et les 4C respectivement. Le biais (en barre) avec ± 1 l'écart-type (en ligne) et le RMSE (nombre en millier en haut) ont été calculés sur 100 consanguins (f_{true} > 0, 1 par réplicat). La Figure (C) montre les *boxplots* des taux de vrais positifs (TPRs) et de faux positifs (FPRs) pour les tests sur chaque réplicat, selon le type de consanguinité. FEstim_SUBS et FEstim_HOT utilisent le test de maximum de vraisemblance des HMMs. ROH_1.5Mb, ROH_50SNP et GIBDLD utilisent notre adaptation de la méthode d'ERSA. Les TPRs sur les 1C ne sont pas montrés car ils sont tous égaux à 1. Les réplicats ont été simulés avec des haplotypes CEU.
AFFY = les SNPs de la puce Affymetrix; ILLU = les SNPs de la puce Illumina; ALL = les SNPs des deux puces; AFFY_ILLU = les SNPs communs aux deux puces.

6.2 Influence du niveau de LD

Pour étudier comment les méthodes se comportent en fonction du niveau de LD de la population, nous avons également simulé des réplicats à partir d'haplotypes YRI (niveau de LD bas), CEU (niveau de LD modéré) et JPT / CHB (niveau de LD élevé). La Figure 3.7.A montre que les estimateurs ne sont pas sensibles au niveau de LD pour le panel AFFY_ILLU. Pour le panel ALL (Figure

3.7.B), nous observons de légères différences sur les simulations effectuées avec haplotypes YRI. Le biais est négatif pour ROH_1.5Mb avec les haplotypes YRI, alors qu'il est positif avec les haplotypes CEU ou JPT/CHB. La Figure 3.7.C montre que les TPRs des différents tests ne sont également pas sensibles au niveau de LD de la population.

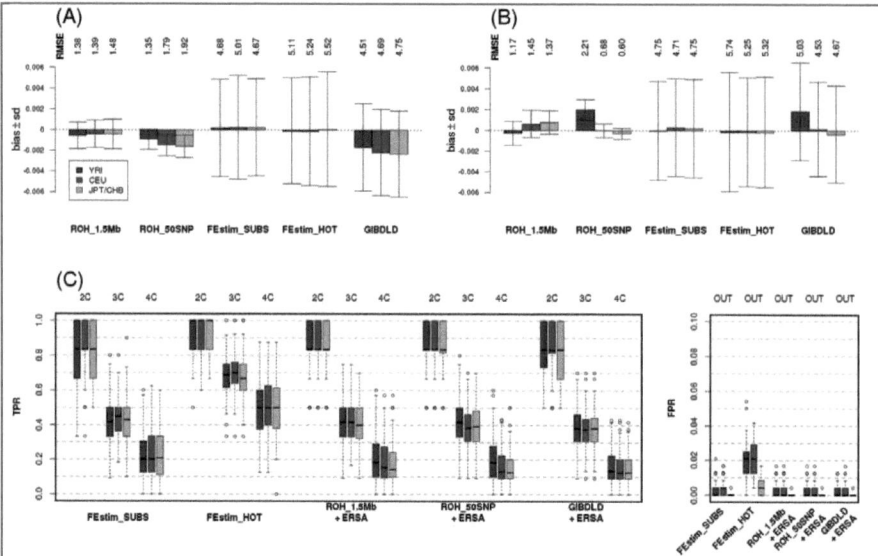

Figure 3.7 : Influence du niveau de LD sur l'estimation et la détection de la consanguinité. Les figures (A) et (B) montrent la qualité des différents estimateurs sélectionnés pour les 1C avec les panels AFFY_ILLU (180,160 SNPs) et ALL (987,221 SNPs) respectivement. Le biais (en barre) avec ± 1 l'écart-type (en ligne) et le RMSE (nombre en millier en haut) ont été calculés sur un 1C de chaque réplicat (total 100), avec des haplotypes d'origines différentes. La Figure (C) montre les *boxplots* des taux de vrais positifs (TPRs) et de faux positifs (FPRs) pour les tests sur chaque réplicat, selon le type de consanguinité. FEstim_SUBS et FEstim_HOT utilisent le test de maximum de vraisemblance des HMMs. ROH_1.5Mb, ROH_50SNP et GIBDLD utilisent notre adaptation de la méthode d'ERSA. Les TPRs sur les 1C ne sont pas montrés car ils sont tous égaux à 1. Les réplicats ont été simulés avec des haplotypes CEU.

7 Discussion

7.1 Conclusion

En se basant sur l'ensemble des résultats de ce chapitre, nous recommandons l'utilisation de FEstim sur des sous-cartes pour estimer le coefficient de consanguinité et détecter des individus consanguins. Cette stratégie n'est pas influencée par la présence de LD et fonctionne même pour les échantillons de petite taille. Elle permet une estimation des coefficients de consanguinité avec un très faible biais, et une bonne détection d'individus consanguins. Pour la sélection des sous-cartes, 2 stratégies ont été mises en avant : FEstim_SUBS, utilisant plusieurs sous-cartes aléatoires, et FEstim_HOT, utilisant un marqueur tiré au hasard dans chaque région du génome délimitée par un point chaud de recombinaison. FEstim_SUBS est plus lourd en temps de calcul que FEstim_HOT, mais donne des estimations plus robustes avec un FPR d'environ 0 pour la détection de consanguinité. C'est donc la méthode que l'on choisirait lorsque l'on a besoin d'obtenir des estimations très précises des coefficients de consanguinité et de se préserver d'une fausse détection d'individus consanguins. FEstim_HOT est cependant plus facile à mettre en œuvre. De plus, comme il garde plus de marqueurs, près de 14 000 SNPs, il détecte un plus grand nombre de consanguins que FEstim_SUBS, bien que le risque de classer à tort des personnes comme consanguins soit accru. La combinaison de ces deux approches (FEstim_HOT_SUBS) améliore légèrement les performances par rapport à FEstim_SUBS surtout quand la consanguinité est plus éloignée (Figure 3.8).

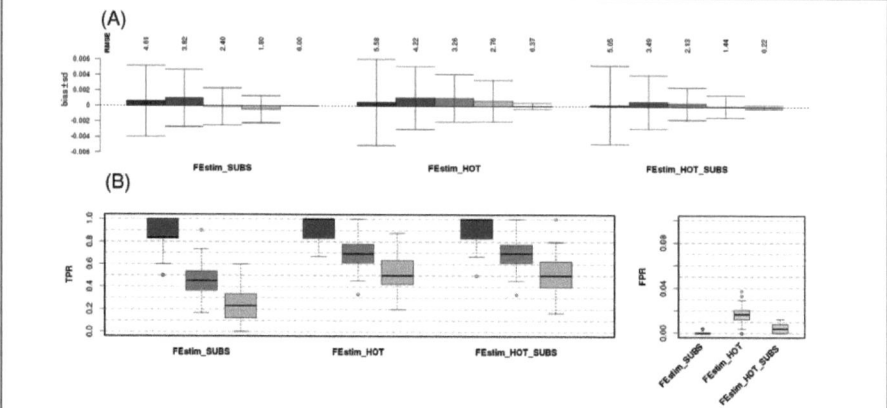

Figure 3.8 : Performance de FEstim utilisant plusieurs sous-cartes et/ou les points chauds de recombinaison. La figure (A) montre la performance des différents estimateurs de f en fonction du type de consanguinité. Le biais (en barre) avec ± 1 l'écart-type (en ligne) et le RMSE (nombre en millier en haut) ont été calculés sur un consanguin (f_{true} > 0) de chaque type, et sur un OUT, de chaque réplicat (total 100). La figure (B) montre les *boxplots* des taux de vrais positifs (TPRs) et de faux positifs (FPRs) pour les tests sur chaque réplicat, selon le type de consanguinité. Les réplicats ont été simulés avec des haplotypes WTCCC. Pour les couleurs, voir la légende de la Figure 3.2.

Cependant, pour la détection de segments HBD, les méthodes utilisant des centaines de milliers de marqueurs sont plus performantes, notamment GIBDLD. Nous restons plus mesurés sur la méthode ROH_50SNP. En effet, elle ne prend pas en compte les erreurs de génotypage (i.e. ne tolère pas de marqueurs hétérozygotes dans un ROH), ce qui ne pose pas de problèmes sur nos simulations, mais qui semble moins adapté aux données réelles.

7.2 Biais des estimateurs simple-points

Les estimateurs simple-points ont montré des biais négatifs, et n'ont donc pas été plus étudiés. Ce résultat était au premier abord inattendu. En effet, en présence de LD, on a tendance à attendre un biais positif plutôt que négatif. La littérature est assez vaste sur l'estimation non biaisée de l'hétérozygotie à un marqueur donné, sur laquelle ces estimateurs sont fondés. Plusieurs facteurs peuvent conduire à une estimation biaisée de l'hétérozygotie : le fait qu'elle soit estimée sur un échantillon de taille *N* (Nei et Roychoudhury 1974), ou le fait que l'échantillon contienne des individus consanguins et/ou apparentés (DeGiorgio et Rosenberg 2009).

Nous avons cherché à comprendre pourquoi PLINK présentait des biais négatifs alors qu'il utilise la correction de Nei et Roychoudhury. Nous avons ainsi découvert que cette correction n'avait pas bien été implémentée dans le logiciel. En reprogrammant l'estimateur de PLINK avec la correction de Nei et Roychoudhury, nous n'avons plus trouvé de biais positifs mais des RMSEs toujours équivalents (Figure 3.9). Les quelques biais positifs le sont uniquement en raison du fait que les estimations négatives ont été mises à zéro. Cela ne change donc pas la conclusion selon laquelle les estimateurs simple-points ont les RMSEs les plus élevés.

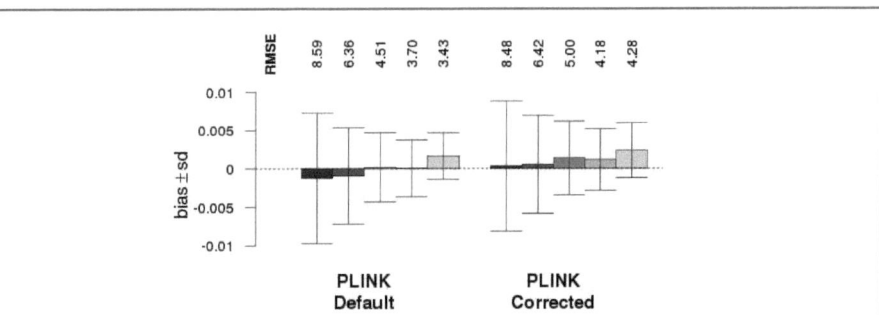

Figure 3.9 : Performance de l'estimateur simple-points de PLINK, avec et sans la correction de Nei et Roychoudhury. Le biais (en barre) avec ± 1 l'écart-type (en ligne) et le RMSE (nombre en millier en haut) ont été calculés sur un consanguin ($f_{true} > 0$) de chaque type, et sur un OUT, de chaque réplicat (total 100). Les réplicats ont été simulés avec des haplotypes WTCCC (517 291 SNPs).
PLINK Default montre les résultats pour la version actuelle de PLINK (1.07) n'implémentant pas la correction. PLINK Corrected montre les résultats pour notre version modifiée de PLINK implémentant la correction. Pour les couleurs, voir la légende de la Figure 3.2.

7.3 Seuils de ROHs

Pour les ROHs, le choix optimal du seuil de longueur minimale ou du nombre minimal de SNPs n'est pas une question aisée. Les recommandations d'Howrigan et coll. ont donné les meilleurs résultats lors des simulations avec les haplotypes WTCCC. Cependant, en plus de ne pas autoriser des erreurs de génotypage, nous avons observé qu'elles sous-estimaient légèrement les f avec le panel AFFY_ILLU (Figure 3.6.A), et les surestimaient légèrement pour les individus d'origine africaine (Figure 3.7.B). D'autres réglages des options de PLINK pourraient améliorer encore la performance de cette méthode, par exemple en donnant des recommandations différentes selon l'origine de la population. Nous estimons donc que la question sur la longueur ou le nombre minimal de SNPs pour la détection ROHs est encore ouverte, même si la Figure 3.10 semble montrer que le seuil de 1 500 kb donne de bons résultats quel que soit le nombre de marqueurs et le niveau de LD.

Récemment, Pemberton et coll. (2012) ont proposé une méthodologie pour obtenir un seuil de longueur spécifique de la population, et l'ont appliquée sur les populations HapMap III. Les seuils qu'ils proposaient pour les populations JPT et CHB (autour de 1 000 kb) ne donnant pas de bons résultats pour nos simulations (Figure 3.10.C), nous n'avons pas étudié leur approche.

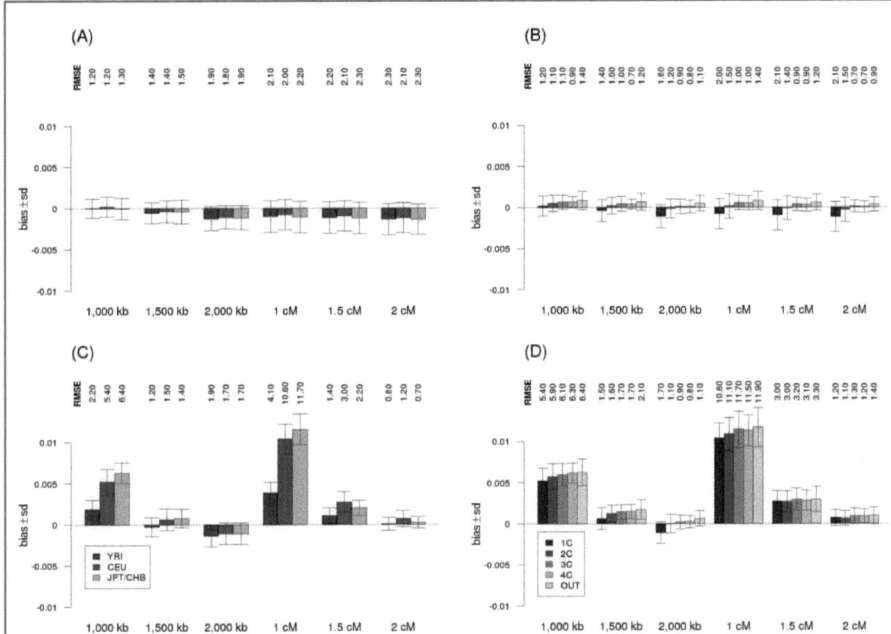

Figure 3.10 : Performance des estimateurs de f basés sur les régions d'homozygotie (ROHs). La Figure (A) montre les résultats sur des 1C simulés avec différents haplotypes de références et le panel AFFY_ILLU (180 160 SNPs). La Figure (B) montre les résultats sur différents types de consanguinité, simulés avec des haplotypes CEU et le panel AFFY_ILLU. La Figure (C) montre les résultats sur des 1C simulés avec différents haplotypes de références et le panel ALL (987 221 SNPs). La Figure (D) montre les résultats sur différents types de consanguinité simulés avec des haplotypes CEU et le panel ALL. Le biais (en barre) avec ± 1 l'écart-type (en ligne) et le RMSE (nombre en millier en haut) ont été calculés sur un consanguin (f_{true} > 0) de chaque type, et sur un OUT, de chaque réplicat (total 100).

7.4 Paramètres des HMMs modélisant le LD

Le fait que les HMMs modélisant le LD (FEstim_LD20, GIBDLD, BEAGLE) ne donnent pas de meilleures estimations de f qu'une simple HMM sur des données minimisant le LD est une conclusion assez surprenante. Elle diffère de celle d'Han and Abney (Han et Abney 2011) qui ont étudié une sous-carte avec un marqueur par cM. Une sous-carte doit donc avoir une certaine densité pour être efficace. De plus, ces méthodes s'améliorent quand la taille de l'échantillon augmente et ne peuvent pas être appliquées à de petits échantillons (ici nous avions déjà 300 individus). Enfin, ces méthodes sont limitées par le fait qu'aucun test de rapport de vraisemblance ne puisse être effectué pour la détection de la consanguinité.

Un autre résultat surprenant est la piètre performance de FEstim_LD20. Bien qu'il réduise considérablement le biais qui aurait été observé sans modélisation de LD, il est toujours très biaisé (méthodes (1) de la Figure 3.11).

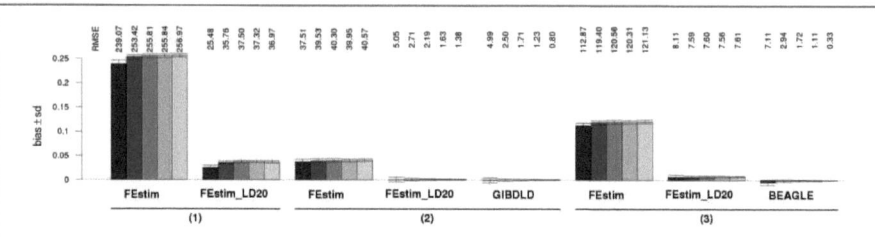

Figure 3.11 : Performance des estimateurs utilisant des HMMs. Le biais (en barre) avec ± 1 l'écart-type (en ligne) et le RMSE (nombre en millier en haut) ont été calculés sur un consanguin ($f_{true} > 0$) de chaque type, et sur un OUT, de chaque réplicat (total 100). Les réplicats ont été simulés avec des haplotypes WTCCC (517 291 SNPs). (1) Méthodes estimant les paramètres a et δ par maximum de vraisemblance, et utilisant δ comme un estimateur de f. (2) Méthodes fixant le paramètre a à 10^{-6}, estimant le δ par maximum de vraisemblance, et estimant f en pondérant les moyennes des probabilités HBD à postériori de chaque chromosome par leur longueur en cM. Notons que FEstim et FEstim_LD20 maximisent la vraisemblance sur l'ensemble du génome, alors que GIBDLD la maximise par chromosome. (3) Méthodes fixant les paramètres δ et a à 0.0001 et 1, et estimant f en pondérant les moyennes des probabilités HBD à postériori de chaque chromosome par leur longueur en cM. Pour les couleurs, voir la légende de la Figure 3.2.

Une telle différence avec GIBDLD et BEAGLE peut s'expliquer par la gestion différente des paramètres de la chaine de Markov. En effet, FEstim_LD20 les estime par maximum de vraisemblance, alors que les autres fixent au moins un de ces paramètres. En fixant ces paramètres dans FEstim_LD20, nous obtenons des résultats similaires à ceux de GIBDLD et

BEAGLE pour l'estimation du f (Figure 3.11) et la détection de segments HBD (Figure 3.12). Le fait que FEstim_LD20 (1) donne des résultats similaires à FEstim (2) pour l'estimation de f est assez surprenant. Il montre que fixer le paramètre a à une valeur faible est aussi efficace qu'une modélisation du LD.

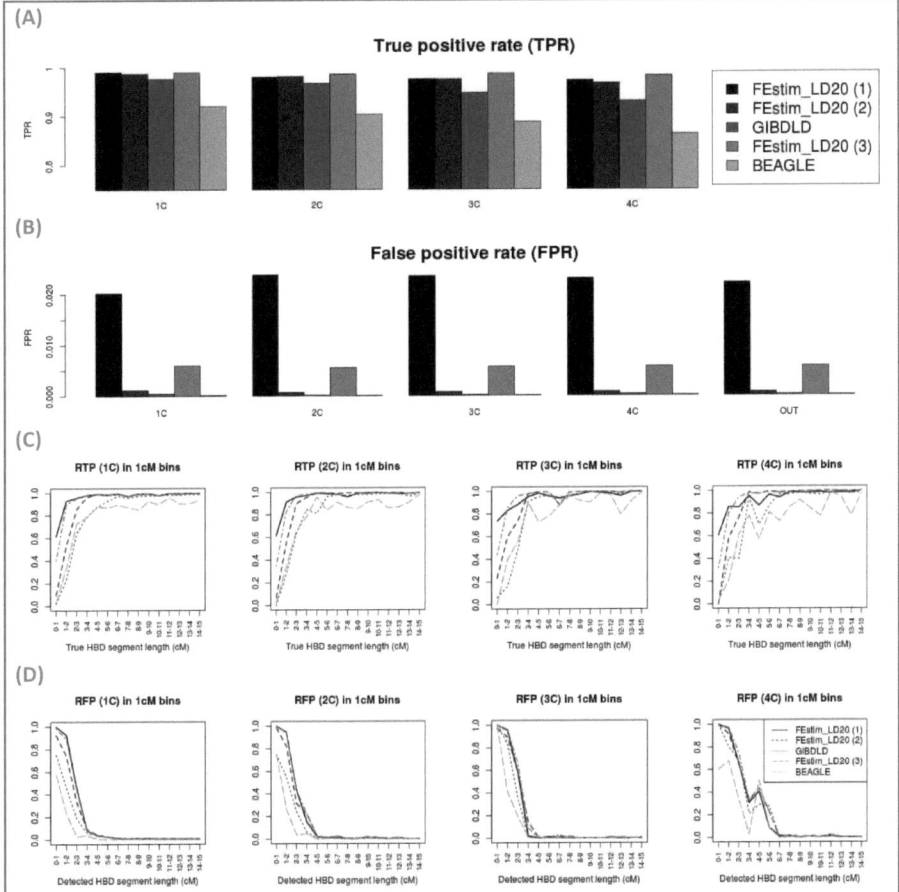

Figure 3.12 : Performance des méthodes utilisant des HMMs modélisant le LD pour détecter des segments HBD. La figure (A) montre le taux de vrai positif (*True Positive Rate*, TPR) et la figure (B) celui de faux positif (*False Positive Rate*, FPR) du processus HBD du génome de 100 individus (1 par réplicat), pour chaque type de consanguinité. La figure (C) montre la moyenne des RTPs (*ratio of true positive*) et la figure (D) celle des RFPs (*ratio of false positive*) des segments de 100 individus consanguins (1 par réplicat) dans des fenêtres de 1cM, pour chaque type de consanguinité. Les réplicats ont été simulés avec des haplotypes WTCCC (517 291 SNPs). Pour (1), (2) et (3) voir légende de la Figure 3.11.

7.5 Détection de la consanguinité

Les deux types de tests détectant la consanguinité que nous avons évalués ici sont conceptuellement différents. Celui basé sur les vraisemblances de FEstim teste si l'individu a un f statistiquement différent de 0. La méthode adaptée d'ERSA, utilisée quand les calculs de vraisemblances n'étaient pas disponibles, teste si l'individu est plus consanguin qu'un individu pris au hasard dans la population. Afin de tester des hypothèses plus similaires, nous avons modifié ERSA pour estimer les paramètres de la population (η et θ) de manière itérative, en ne conservant que les personnes inférées comme consanguines à l'étape précédente (ERSAit). En effet, lorsque nous n'avons estimé les paramètres de la population que sur les 240 personnes non consanguines de l'échantillon (ERSAout), les TPRs d'ERSA étaient aussi bons que ceux de FEstim_HOT et le processus itératif (ERSAit) a donné de meilleurs résultats que l'approche originale d'ERSA (Figure 3.13).

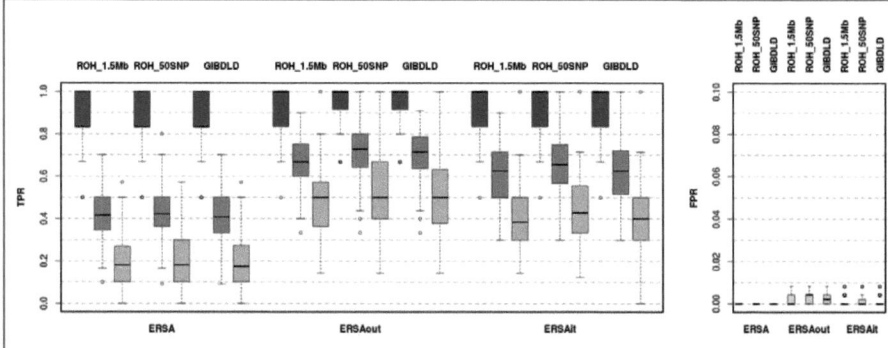

Figure 3.13 : Performance d'ERSA en fonction de la procédure pour estimer les paramètres de population. Cette figure montre les *boxplots* des taux de vrais positifs (TPRs) et de faux positifs (FPRs) pour les tests sur chaque réplicat, selon l'estimation des paramètres d'ERSA. Ces paramètres sont tous estimés sur des segments < 10 cM. ERSA estime les paramètres sur tous les individus (comme fait par défaut). ERSAout estime les paramètres sur les 240 OUT du réplicat. ERSAit utilise un processus itératif pour estimer les paramètres sur les individus inférés comme non consanguins à l'étape précédente. Les réplicats ont été simulés avec des haplotypes WTCCC (517 291 SNPs).
Pour les couleurs, voir la légende de la Figure 3.2.

Enfin, nous avons voulu étudier l'influence du « contexte populationnel » sur la détection d'individus consanguins par la méthode ERSA. Pour cela, nous avons simulé les segments HBD dus au contexte populationnel de 1 000 individus consanguins pour différentes valeurs du couple (η, θ). Cela a été répété pour des individus ayant seulement un (Figure 3.14.A) et deux (Figure 3.14.B) segments HBD de 8 cM. Les TPRs ont été calculés en considérant les segments HBD comme parfaitement détectés, et en utilisant dans ERSA les paramètres (η, θ) des simulations. La Figure 3.14 montre que la puissance d'ERSA est sensible aux deux paramètres : plus ils sont grands, plus le TPR diminue. On observe également que lorsque θ est plus grand que 3.8 cM, ERSA ne considère pas un individu avec un segment HBD de 8 cM comme consanguin.

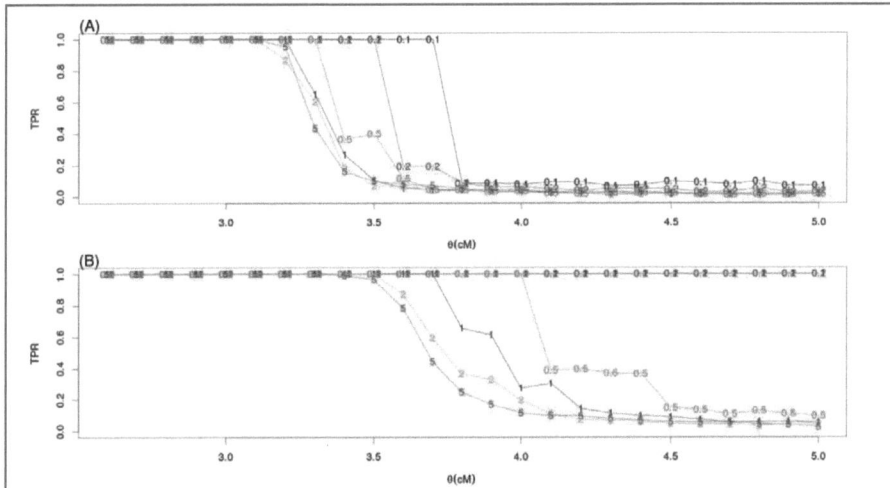

Figure 3.14 : Taux de vrais positifs (TPR) d'ERSA selon le contexte populationnel. La figure (A) montre la puissance pour détecter correctement un individu consanguin ayant seulement un segment HBD de 8 cM. La figure (B) montre la puissance pour détecter correctement un individu consanguin ayant seulement deux segments HBD de 8 cM. Chaque ligne représente une différente valeur du nombre η de segments HBD dus au contexte populationnel (le nombre sur la ligne indique la valeur de η). L'axe des abscisses représente la longueur moyenne θ de ces segments. Pour le calcul des TPRs, tous les segments HBD dus au contexte populationnel > 0 cM ont été utilisés.

8 Suppléments

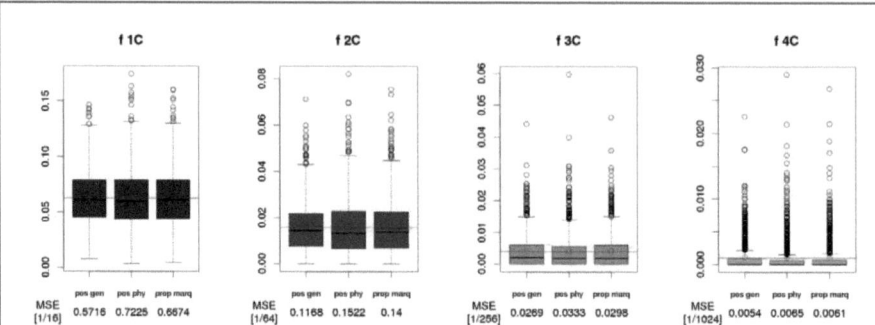

Figure 3.15: Comparaison de différentes définitions de f_{true}. Chaque case montre pour 1 000 consanguins issus de différentes généalogies (1C, 2C, 3C, et 4C), le *boxplot* de leur f_{true} selon trois définitions différentes : proportion du génome HBD en cM (pos gen), en distance physique (pos phy), et en nombre de marqueurs (prop marq). La ligne horizontale représente le taux de consanguinité f_g attendu par la généalogie (1/16, 1/64, 1/256 et 1/1024 pour les 4 types de consanguinité), le point la moyenne des 1 000 f_{true}. L'erreur quadratique (MSE) a été calculée en comparant l'ensemble des f_{true} simulés à celui de la généalogie f_g.

A noter que la proportion de marqueurs a été obtenue avec les 644 258 marqueurs autosomaux de la puce Illumina HumanHap650Y, utilisée dans une étude préliminaire. Ce nombre de marqueurs est équivalent à celui de la puce Illumina Human 1M utilisée dans ce manuscrit.

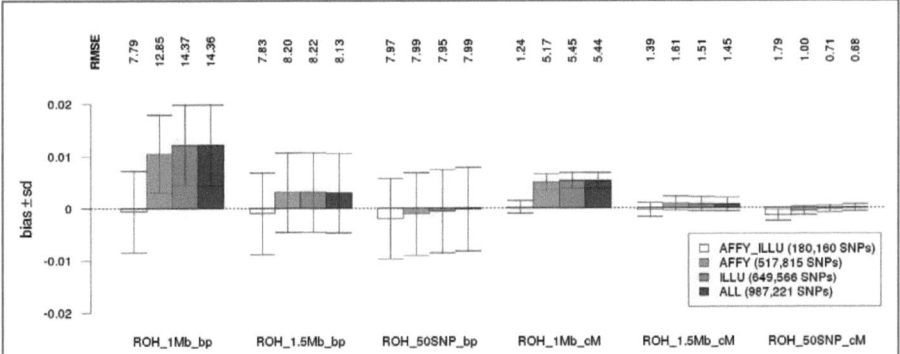

Figure 3.16 : Performance des estimateurs de f utilisant des ROHs. Le biais (en barre) avec ± 1 l'écart-type (en ligne) et le RMSE (nombre en millier en haut) ont été calculés sur 100 1C, avec différents panels de SNPs. Les réplicats ont été simulés avec des haplotypes CEU. Les estimateurs dont le nom se termine par _bp (resp. _cM) estiment f comme un ratio de distances physiques (resp. génétiques).

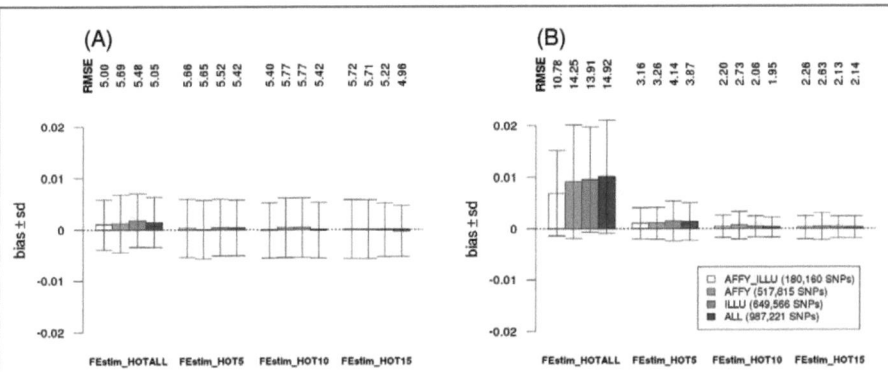

Figure 3.17 : Performance des estimateurs de f utilisant FEstim et les points chauds de recombinaison. Deux types d'individus sont considérés : (A) 100 1C et (B) 100 4C consanguins. Le biais (en barre) avec ± 1 l'écart-type (en ligne) et le RMSE (nombre en millier en haut) ont été calculés sur 100 1C, avec différents panels de SNPs. Les réplicats ont été simulés avec des haplotypes CEU.
FEstim_HOTALL utilise FEstim avec un marqueur entre chacun des 32 990 points chauds. FEstim_HOT5 (resp. FEstim_HOT10 et FEstim_HOT15) utilise FEstim avec un marqueur entre chacun des 21 970 (resp. 14 599 and 10 140) points chauds dont l'intensité est supérieure à 5 cM/Mb (resp. 10 and 15 cM/Mb).

CHAPITRE 4 - APPLICATIONS A LA GENETIQUE EPIDEMIOLOGIQUE ET DES POPULATIONS

Comme vu dans les chapitres précédents, un grand nombre de méthodes et de logiciels a été développé pour estimer le coefficient de consanguinité et détecter les segments HBD d'individus sans généalogies connues. Bien que nécessaires, ces informations ne suffisent pas à répondre directement aux questions que se posent les épidémiologistes et les généticiens des populations :

- Un individu est-il consanguin?
- Quelle est la relation de parenté des parents d'un individu consanguin ?
- Quelle est la proportion de types de consanguinité dans une population, i.e. la proportion de types de mariages ?
- Comment, à partir des segments HBD de cas consanguins, localiser des régions liées à leur maladie tout en prenant en compte son hétérogénéité génétique?

Il n'existe cependant aucun logiciel permettant de répondre directement à ces questions.

Dans la première partie de ce chapitre, nous montrerons comment, afin de répondre à ces questions, nous avons implémenté de nouvelles statistiques dans un pipeline nommé FSuite. Se basant sur les résultats de l'analyse de simulations du chapitre 3, nous y avons intégré l'utilisation de FEstim avec plusieurs sous-cartes.

Nous appliquerons ensuite ce pipeline aux 11 populations du panel HapMap III, pour en étudier la consanguinité, ainsi que sur un jeu de données cas-témoins de la maladie d'Alzheimer, pour en détecter des sous-entités mendéliennes ayant un effet récessif. Ce dernier jeu servira également à illustrer différentes stratégies permettant d'exploiter l'homozygotie dans les maladies multifactorielles.

1 Statistiques basées sur la consanguinité - FSuite

1.1 Inférence des types d'apparentement

Supposons qu'une population soit un mélange d'individus issus de différents types d'apparentement : des individus issus de cousins au premier et second degré (1C et 2C), de doubles cousins (2x1C), d'oncles-nièces (AV) et d'individus non apparentés (OUT). La proportion de la population étant issue d'un type d'apparentement peut alors être considérée comme la somme des probabilités de chaque individu d'être issu de ce type d'apparentement. Leutenegger et coll. (2011) ont proposé d'estimer le vecteur β de la proportion des différents types de consanguinité, et donc d'apparentement, en maximisant la somme sur les *n* individus de la population suivante :

$$log(L(\beta)) = \sum_{i=1}^{n} log\left(\left(\sum_{k \in \{1C, 2C, 2x1C, AV\}} \beta_k \frac{L_k^{(i)}}{L_{OUT}^{(i)}}\right) + \left(1 - \sum_k \beta_k\right)\right)$$

avec $L_k^{(i)}$ la vraisemblance que l'individu *i* soit un consanguin de type *k*. Ces vraisemblances se calculent depuis FEstim en fixant les paramètres de la chaine de Markov à ceux attendus depuis les généalogies : pour 1C (δ,a) = (0.0625,0.063); pour 2C (δ,a) = (0.015625,0.080); pour 2x1C (δ,a) = (0.125, 0.068); pour AV (δ,a) = (0.125,0.057) ; pour OUT (δ,a) = (0.001,0.001).

Une fois ce vecteur β estimé, on peut utiliser la formule de Bayes pour estimer la probabilité $P_k^{(i)}$ que l'individu *i* soit un consanguin de type *k* :

$$P_k^{(i)} = \beta_k L_k^{(i)} \bigg/ \sum_{l \in \{1C, 2C, 2x1C, AV, OUT\}} \beta_l L_l^{(i)}$$

1.2 Cartographie par homozygotie et stratégie HBD-GWAS

Pour rendre le HMLOD score dépendant du coefficient de consanguinité génomique f, et non plus du coefficient de consanguinité généalogique f_g, Leutenegger (2003) et Leutenegger et coll. (2006) ont proposé une nouvelle statistique de cartographie par homozygotie, le FLOD score. Cette statistique dépend des f et des probabilités *a posteriori* d'être HBD estimés par FEstim, donnant ainsi plus d'importance aux individus avec un petit f. En partant de la formule du LOD score (partie 3.1.1 du chapitre 1), le FLOD score d'un individu i au marqueur m s'écrit ainsi :

$$\text{FLOD}^{(i)}(m) = log_{10} \frac{P\left(Y_m^{(i)}|H_1\right)}{P\left(Y_m^{(i)}|H_0\right)}$$

$$= log_{10} \frac{P\left(X_m^{(i)} = 1 \middle| Y_m^{(i)}\right) + qP\left(X_m^{(i)} = 0 \middle| Y_m^{(i)}\right)}{f^{(i)} + q(1 - f^{(i)})}$$

avec $Y_m^{(i)}$ le génotype de l'individu i au marqueur m, H_1 l'hypothèse où le marqueur m est lié à la maladie, et H_0 celle où il ne l'est pas, $X_m^{(i)}$ le statut HBD de l'individu i au marqueur m, qui est estimé en même temps que le coefficient de consanguinité $f^{(i)}$, et q la fréquence supposée de l'allèle récessif impliquée dans la maladie.

En appliquant la formule de l'hétérogénéité génétique (partie 3.1.2 du chapitre 1) à ce score, le HFLOD score peut s'écrire (Leutenegger 2003) :

$$\text{HFLOD}^{(i)}(m) = \max_{\alpha} \left(\text{HFLOD}^{(i)}(m, \alpha)\right)$$

avec

$$\text{HFLOD}^{(i)}(m, \alpha) = \sum_{i=1}^{n} log_{10}\left(\alpha . \frac{P\left(Y_m^{(i)}|H_1\right)}{P\left(Y_m^{(i)}|H_0\right)} + (1-\alpha)\right)$$

$$= \sum_{i=1}^{n} log_{10}\left(\alpha . exp\left(\text{FLOD}^{(i)}(m) * \log(10)\right) + (1-\alpha)\right)$$

et α la proportion de cas liés au marqueur *m*.

Il peut alors être particulièrement intéressant d'utiliser ce score sur les cas consanguins d'une GWAS, afin de pouvoir localiser des sous-entités mendéliennes de maladies multifactorielles. Nous avons nommé cette stratégie **HBD-GWAS** (Genin et coll. 2012).

1.3 FSuite

Afin que les méthodes basées sur FEstim et les sous-cartes, mises en avant dans le chapitre 3, soient facilement utilisables pour estimer *f* et tester s'il est statistiquement différent de 0, nous avons développé le pipeline FSuite (Figure 4.1). Nous y avons également implémenté les statistiques venant d'être décrites.

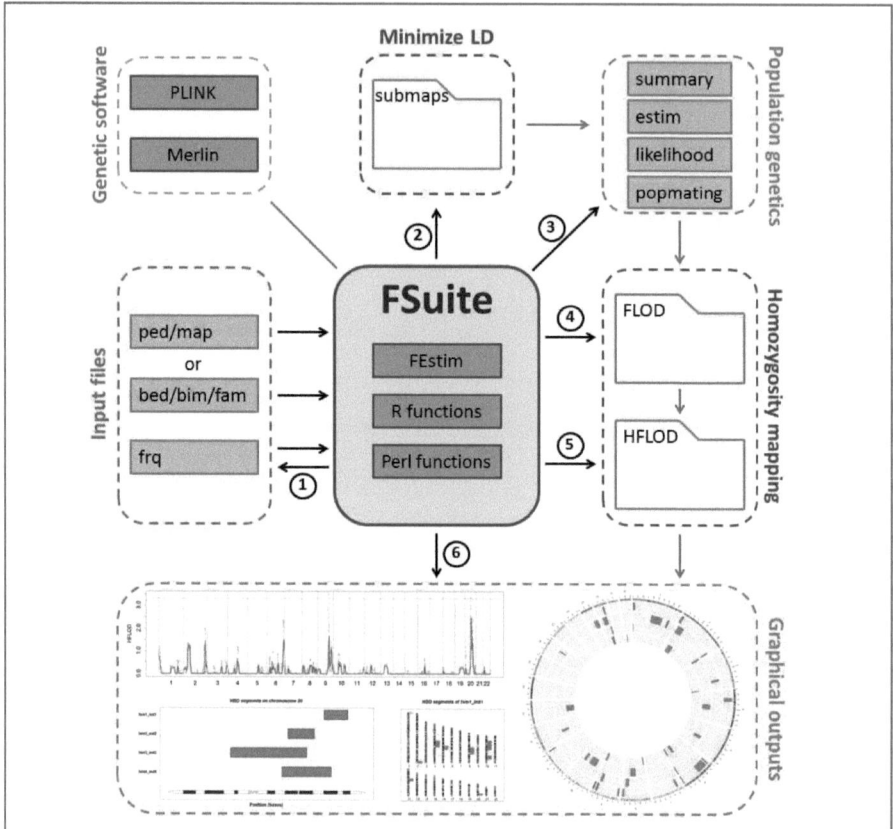

Figure 4.1 : Illustration du pipeline FSuite. Ce pipeline se compose de 6 étapes successives : 1) estimation des fréquences alléliques, 2) création de sous-cartes aléatoires, 3) statistiques de génétique des populations, 4) calcul des probabilités *a posteriori* d'être HBD et du FLOD score de chaque individu, 5) calcul du HFLOD de l'échantillon, et 6) création de sorties graphiques. L'étape 1 est optionnelle. Les étapes 2 à 3 sont nécessaires pour la génétique des populations. Les étapes 2 à 5 sont nécessaires pour l'étude de maladies rares et multifactorielles. L'étape 6 est optionnelle et sert à faciliter l'interprétation des résultats.

Le pipeline FSuite prend en entrée des fichiers au format PLINK (formats LINKAGE « ped/map » ou binaire « bed/bim/fam »), couramment utilisé dans le milieu de la génétique. Il se décompose en 6 étapes successives :

1) Estimation des fréquences alléliques de la population. Cette étape est optionnelle : si l'échantillon à étudier est petit, voire ne se compose que d'une personne, les fréquences peuvent se calculer sur un échantillon de référence.
2) Création de sous-cartes aléatoires. FSuite peut créer des sous-cartes basées sur les distances physiques, génétiques, ou sur les points chauds de recombinaisons, comme cela a été fait pour FEstim_SUBS ou FEstim_HOT.
3) Calcul de statistiques utiles à la génétique des populations : estimations des f, tests du maximum de vraisemblance pour détecter les individus consanguins, estimations du vecteur β de la proportion des différents types d'apparentement, et des probabilités $P_k^{(i)}$. Comme pour les autres statistiques, la médiane des $β_k$ et $P_k^{(i)}$ sur l'ensemble des sous-cartes est conservée.
4) Calcul des probabilités *a posteriori* d'être HBD et des FLOD pour chaque individu. Comme pour les probabilités *a posteriori*, si un marqueur *m* est présent dans plusieurs sous-cartes, la moyenne des $\text{FLOD}^{(i)}(m)$ est conservée.
5) Calcul du HFLOD sur l'ensemble de l'échantillon, à partir des FLOD de l'étape précédente. Comme l'étape 4 ne s'opère par défaut que sur les cas consanguins de l'étape 3, FSuite permet de réaliser directement la stratégie HBD-GWAS lorsque FSuite est appliqué à des données GWAS.
6) Création de sorties graphiques pour faciliter l'interprétation des résultats.

1.4 Conclusion

Le pipeline FSuite a été implémenté dans le but de pouvoir facilement réaliser des études de génétique des populations, et de rechercher des facteurs génétiques avec effet récessif impliqués dans les maladies monogéniques et multifactorielles. Reprenant les conclusions de notre étude de simulation, et implémentant de nouvelles statistiques, FSuite permet d'estimer le coefficient de consanguinité f d'un individu, de tester s'il est consanguin, de calculer le type de consanguinité d'un individu et l'apparentement dans une population, et de calculer un score de cartographie par homozygotie basé sur les f estimés et prenant en compte l'hétérogénéité génétique (HFLOD score).

2 Apport de la consanguinité à l'étude de populations

2.1 Données du panel HapMap III

Le release 3 du panel HapMap III (Altshuler et coll. 2010) se compose de 1 397 individus répartis sur 11 populations (voir Figure 1.5 pour leur emplacement):
- 4 populations d'origine africaine
    - Afro-Américains du sud des États- Unis (ASW),
    - Yoruba d'Ibadan au Nigeria (YRI),
    - Luhya de Webuye au Kenya (LWK),
    - Maasaï de Kinyawa au Kenya (MKK),
- 2 populations d'origine européenne
    - Toscans d'Italie (TSI),
    - Résidents de l'Utah originaires du nord et de l'ouest de l'Europe (CEU),
- 4 populations d'origine asiatique
    - Indiens gujarati de Houston au Texas (GIH),
    - Chinois Han de Pékin en Chine (CHB),
    - Chinois de Denver au Colorado (CHD),
    - Japonais de Tokyo au Japon (JPT),
- 1 population mexico-américaine de Los Angeles en Californie (MXL).

Ce panel d'individus, nommé HAP1397, est génotypé sur 1 457 407 SNPs venant des puces SNPs Illumina Human 1M et Affymetrix SNP 6.0. Pemberton et coll. (2010) ont découvert des relations de parenté entre certains des individus de HAP1397, et ont ainsi défini un panel de 1 117 individus non apparentés, nommé HAP1117.

Avant d'étudier la consanguinité de ce panel, nous avons réalisé un QC très strict de ces données. D'abord, suivant le QC de Pemberton et coll. (2010), nous avons supprimé les SNPs sur les chromosomes sexuels, les SNPs ne respectant pas l'équilibre d'Hardy-Weinberg ($p < 10^{-5}$ dans au moins une population de HAP1117) et les SNPs monomorphes dans au moins une population de HAP1117. Nous avons également supprimé les SNPs qui n'ont pas une position physique constante sur les différentes versions d'HapMap et dbSNP. Enfin, les marqueurs ont été annotés avec les distances génétiques de la deuxième génération de Rutgers (Matise et coll. 2007). Après toutes ces étapes de QC, 1 024 555 SNPs ont été retenus.

Au vu des résultats des simulations, toutes les analyses à venir seront faites sur les SNPs communs aux puces Illumina et Affymetrix, soit 183 574 SNPs.

2.2 Etude de la consanguinité du panel HapMap III

Pour étudier la consanguinité du panel HapMap III, nous avons utilisé la méthode implémentée par défaut dans FSuite. Nous avons estimé les fréquences alléliques par population, avec uniquement les individus non apparentés présents dans HAP1117. Le choix de FSuite pour étudier la consanguinité de populations d'origines géographiques différentes est très pertinent puisque l'on a vu, dans le chapitre 3, que cette méthode n'était pas sensible au niveau de LD de la population. Les résultats de l'estimation et de la détection de la consanguinité sur les individus d'HAP1397 sont tracés Figure 4.2.

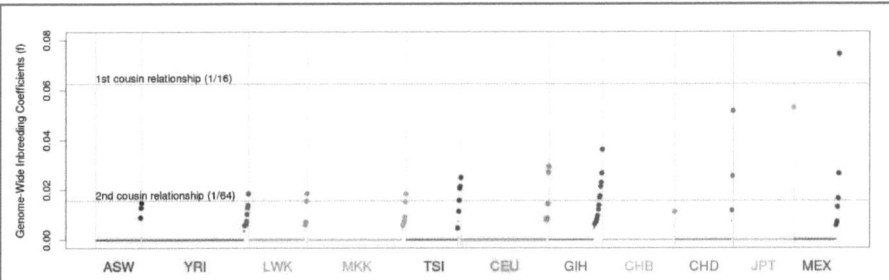

Figure 4.2 : Consanguinité du panel HapMap III. FSuite a été utilisé pour estimer et détecter la consanguinité. Chaque point représente l'estimation de f pour un individu. Les gros points représentent les individus inférés comme consanguin par un test du maximum de vraisemblance. Les individus sont ordonnés par population en fonction de leur f.

FSuite a détecté 58 individus consanguins (4.2 % du panel), avec au moins un individu consanguin par population. Les populations avec le plus grand nombre d'individus consanguins sont des celles des Indiens (GIH, 14), des Yoruba (YRI, 7), des Maasaï (MKK, 7), des Mexico-Américains (MXL, 6) et des Toscans (TSI, 6). La plus grande valeur de f (0.074) a été obtenue pour un Mexico-Américains MXL (NA19679), et est légèrement plus élevée que ce qui est attendu pour un 1C (1/16). En général, les valeurs de f ne sont pas très élevées (seulement 3 individus avec $f > 0.04$) et les individus consanguins sont principalement des individus issus de cousins au deuxième degré, voire plus (Tables 4.1 et 4.2).

Afin d'étudier la cohérence de ces résultats, nous avons détecté pour chacun des 58 individus consanguins leurs ROHs supérieurs à 1 500 kb, ce seuil donnant des estimations de f robustes quel que soit le nombre de marqueur et l'origine de la population (Figure 3.10). L'individu NA12889 (CEU) est le seul à n'avoir aucun ROH, ce qui est dû à une région de son chromosome 11 qui a un très faible taux d'hétérozygotie. Ainsi, aucun ROH n'est détecté, alors que l'individu a 59 sous-cartes sur 100 qui ne sélectionnent aucun marqueur hétérozygote. Nous n'avons ainsi décidé de ne pas considérer cet individu comme consanguin.

Nous observons également deux individus avec un ROH supérieur à 100 cM : NA12874 (CEU) et NA18143 (CHD). Il s'agit respectivement d'un brin des chromosomes 1 et 2 qui est entièrement homozygote. Ces deux individus n'ayant pas d'autres ROHs supérieurs à 3 cM, cette homozygotie semble plus lié à des artefacts de leur ligné cellulaire, i.e. une mauvaise conservation de leur ADN, qu'à de la consanguinité. On remarque d'ailleurs que FSuite accorde plus de 99 % de chances à ces individus d'être OUT, leur distribution de segments HBD ne collant à aucun des types de consanguinité testés (1C, 2C, 2x1C ou AV).

Afin de proposer un panel d'individus non apparentés et non consanguins du release 3 d'HapMap III, nous proposons donc d'enlever les individus consanguins du panel d'individus non apparentés HAP1117. Bien que les individus NA12874 (CEU) et NA18143 (CHD) ne semblent pas consanguins, nous proposons néanmoins de les retirer, leurs grandes régions homozygotes biaisant l'estimation des fréquences alléliques et haplotypiques. L'individu NA12889 (CEU) n'étant pas validé comme consanguin par les ROHs, cela fait donc 57 individus à retirer. Comme 50 de ces individus sont présents dans HAP1117 (Table 4.1), on obtient donc un panel composé de 1 067 individus non apparentés et non consanguins, que nous avons appelé HAP1067. Nous le recommandons aux utilisateurs d'HapMap qui ont un besoin d'un tel panel, par exemple pour estimer les fréquences haplotypiques, ou sélectionner des haplotypes de référence.

Population	IID	f	a	p-valeur	1C	2C	2x1C	AV	OUT	ROH le plus long (cM)	HAP1117
ASW	NA19901	0.015	0.016	1.65E-02	0	0.2174	0	0	0.7826	28.42	oui
ASW	NA19918	0.013	0.019	1.56E-02	0	0.2892	0	0	0.7108	22.34	non
ASW	NA20282	0.009	0.044	6.87E-03	0	0.6316	0	0	0.3684	6.79	non
YRI	NA19096	0.006	0.133	8.38E-03	0	0.7193	0	0	0.2807	14.07	oui
YRI	NA19113	0.014	0.102	7.31E-06	0	0.9998	0	0	0.0002	26.34	oui
YRI	NA19189	0.018	0.078	5.94E-06	0	0.9999	0	0	0.0001	30.06	oui
YRI	NA19201	0.007	0.067	4.97E-04	0	0.9763	0	0	0.0237	21.44	oui
YRI	NA19224	0.013	0.144	2.64E-06	0	0.9999	0	0	0.0001	17.29	non
YRI	NA19226	0.010	0.029	1.66E-02	0	0.4777	0	0	0.5223	16.60	oui
YRI	NA19242	0.006	0.128	1.28E-02	0	0.6610	0	0	0.3390	7.95	oui
LWK	NA19319	0.006	0.078	6.01E-04	0	0.9700	0	0	0.0300	19.99	oui
LWK	NA19328	0.016	0.197	5.66E-05	0	0.9953	0	0	0.0047	14.96	oui
LWK	NA19375	0.007	0.072	3.94E-04	0	0.9850	0	0	0.0150	24.18	oui
LWK	NA19462	0.019	0.010	2.07E-02	0	0.1256	0	0	0.8744	45.91	oui
MKK	NA21311	0.006	0.071	4.87E-04	0	0.9738	0	0	0.0262	23.93	oui
MKK	NA21333	0.015	0.081	6.59E-06	0	0.9999	0	0	0.0001	22.88	oui
MKK	NA21370	0.007	0.068	4.59E-04	0	0.9805	0	0	0.0195	26.32	non
MKK	NA21425	0.008	0.162	5.06E-03	0	0.8088	0	0	0.1912	14.02	oui
MKK	NA21436	0.018	0.045	3.82E-06	0	0.9999	0	0	0.0001	34.77	oui
MKK	NA21489	0.009	0.100	3.10E-02	0	0.3868	0	0	0.6132	12.73	oui
MKK	NA21615	0.006	0.112	2.10E-02	0	0.4722	0	0	0.5278	16.06	oui
TSI	NA20502	0.016	0.046	1.39E-04	0	0.9961	0	0	0.0039	37.96	oui
TSI	NA20509	0.021	0.008	2.39E-02	0	0.0343	0	0	0.9657	63.09	oui
TSI	NA20542	0.021	0.008	2.34E-02	0	0.0431	0	0	0.9569	60.40	oui
TSI	NA20582	0.011	0.153	3.45E-04	0	0.9856	0	0	0.0144	19.45	oui
TSI	NA20805	0.005	0.161	3.91E-02	0	0.2883	0	0	0.7117	13.04	oui
TSI	NA20819	0.025	0.200	1.18E-08	0	1	0	0	0	12.02	oui
CEU	NA06984	0.014	0.017	1.65E-02	0	0.2289	0	0	0.7711	26.43	oui
CEU	NA10852	0.009	0.085	2.88E-04	0	0.9843	0	0	0.0157	25.15	oui
CEU	NA12342	0.029	0.079	2.19E-14	0	1	0	0	0	28.93	oui
CEU	NA12874	0.027	0.005	3.33E-02	0	0.0001	0	0	0.9999	128.94	oui
CEU	*NA12889*	*0.008*	*0.068*	*1.83E-02*	*0*	*0.1804*	*0*	*0*	*0.8196*	*0*	*oui*
GIH	NA20867	0.006	0.099	4.69E-04	0	0.9963	0	0	0.0037	18.90	oui
GIH	NA20872	0.021	0.266	7.82E-06	0	0.9997	0	0	0.0003	19.06	oui
GIH	NA20877	0.018	0.246	1.67E-04	0	0.9935	0	0	0.0065	13.28	oui
GIH	NA20884	0.017	0.294	2.47E-03	0	0.9282	0	0	0.0718	8.34	oui
GIH	NA20892	0.007	0.170	1.73E-02	0	0.8010	0	0	0.1990	15.53	oui
GIH	NA20894	0.014	0.193	5.85E-05	0	0.9992	0	0	0.0008	15.74	oui
GIH	NA20898	0.036	0.383	3.15E-07	0	0.9981	0	0	0.0019	14.03	oui
GIH	NA20899	0.010	0.064	4.16E-04	0	0.9977	0	0	0.0023	29.66	oui
GIH	NA20910	0.008	0.103	3.22E-04	0	0.9983	0	0	0.0017	22.85	oui
GIH	NA21089	0.012	0.024	1.44E-02	0	0.8895	0	0	0.1105	20.79	oui
GIH	NA21095	0.023	0.142	1.20E-08	0	1	0	0	0	22.95	oui
GIH	NA21108	0.027	0.262	8.74E-07	0	0.9999	0	0	0.0001	20.16	oui
GIH	NA21109	0.009	0.157	8.50E-04	0	0.9925	0	0	0.0075	18.78	Oui
GIH	NA21117	0.007	0.213	2.19E-02	0	0.8151	0	0	0.1849	13.89	Oui
CHB	NA18557	0.011	0.100	6.18E-06	0	0.9996	0	0	0.0004	21.93	Oui
CHB	NA18627	0.011	0.196	4.82E-04	0	0.9341	0	0	0.0659	16.02	Oui
CHD	NA18133	0.012	0.121	5.08E-04	0.0053	0.9440	0	0	0.0507	18.63	Oui
CHD	NA18138	0.052	0.077	1.53E-19	0.9790	0.0210	0	0	0	39.82	Oui
CHD	NA18143	0.025	0.006	3.05E-02	0	0.0003	0	0	0.9997	111.73	Oui
JPT	NA18987	0.053	0.072	2.29E-18	1	0	0	0	0	35.86	Oui
MXL	NA19649	0.026	0.090	4.33E-15	0.0120	0.9880	0	0	0	22.34	Non
MXL	NA19669	0.013	0.240	6.81E-03	0	0.7036	0	0	0.2964	14.64	Oui
MXL	NA19679	0.074	0.126	2.07E-32	0.8520	0.0008	0.1472	0	0	36.38	Oui
MXL	NA19737	0.007	0.088	6.20E-03	0.0002	0.9919	0	0	0.0079	23.17	Oui
MXL	NA19763	0.006	0.132	2.38E-02	0	0.6164	0	0	0.3836	15.44	Non
MXL	NA19780	0.017	0.152	9.08E-07	0.0016	0.9983	0	0	0.0001	19.12	Oui

Table 4.1 : Individus du panel HapMap III inférés comme consanguin par FSuite. FSuite a été utilisé pour estimer la consanguinité (colonnes f et a), détecter les 58 individus consanguins (la colonne p-valeur donne le résultat du test du maximum de vraisemblance), et inférer le type de consanguinité (colonnes 1C, 2C, 2x1C, AV et OUT). Le ROH le plus long a été détecté avec PLINK utilisant un seuil de taille minimum à 1 500 kb. La colonne HAP1117 indique si l'individu est dans la liste d'individus non apparentés HAP1117. L'individu NA12889 est en *italique* car il n'a pas été validé comme consanguin par les ROHs supérieurs à 1 500 kb, et se trouve donc dans notre échantillon HAP1067.

Population	1C	2C	2x1C	AV	OUT
ASW	0	0.0219	0	0	0.9781
YRI	0	0.0400	0	0	0.9600
LWK	0	0.0431	0	0	0.9569
MKK	0	0.0432	0	0	0.9568
TSI	0	0.0478	0	0	0.9522
CEU	0	0.0195	0	0	0.9805
GIH	0	0.1992	0	0	0.8008
CHB	0	0.0206	0	0	0.9794
CHD	0.0091	0.0129	0	0	0.9780
JPT	0.0089	0	0	0	0.9911
MXL	0.0113	0.0726	0.0017	0	0.9144

Table 4.2 : Proportion des types de consanguinité dans le panel HapMap III. FSuite a été utilisé pour calculer ces proportions.

2.3 Comparaison avec les résultats d'autres méthodes

Comme nous avons observé dans le chapitre précédant une puissance limitée de FEstim_SUBS pour détecter les descendants d'unions entre des cousins du $3^{\text{ième}}$ et $4^{\text{ième}}$ degrés (3C et 4C), nous pouvons supposer qu'il existe d'autres individus consanguins, issus de relations plus éloignées, dans le panel HapMap III. Pour cette raison, nous avons comparé les résultats de FSuite à ceux de 3 méthodes ayant montré une plus grande puissance de détection (Figures 3.9 et 3.14) :

- FSuite_1HOT : FSuite avec 1 sous-carte aléatoire créée à partir des points chauds de recombinaisons, équivalent à FEstim_HOT,
- FSuite_HOTS : FSuite avec 100 sous-cartes aléatoires créées à partir des points chauds de recombinaisons, équivalent à FEstim_HOT_SUBS,
- ERSAit : ERSA avec les ROHs supérieurs à 1 500 kb comme segments HBD. Un processus itératif est utilisé pour estimer ses paramètres (voir partie 7.5 du chapitre 3).

Les résultats de cette comparaison sont très surprenants (Table 4.3).

Population	Nombre d'individus	Détection de la consanguinité avec			
		FSuite	FSuite_1HOT	FSuite_HOTS	ERSAit
ASW	87	3	4	3	3 (0.06, 3.29)
YRI	203	7	19	19	7 (0.24, 4.68)
LWK	110	4	22	16	5 (1.36, 3.78)
MKK	184	7	23	26	7 (0.67, 4.05)
TSI	102	6	13	13	6 (0.34, 4.92)
CEU	165	5	5	5	4 (0.13, 3.55)
GIH	101	14	44	45	15 (2.55, 3.98)
CHB	137	2	5	5	5 (0.08, 3.88)
CHD	109	3	5	4	4 (0.19, 3.99)
JPT	113	1	3	1	1 (0.29, 3.20)
MXL	86	6	11	12	8 (0.55, 3.76)
TOTAL	1 397	58	154	149	65

Table 4.3 : Nombre d'individus consanguins dans le panel HapMap III. Les chiffres entre parenthèses (η, θ) sont le nombre et la taille moyenne (en cM) des ROHs > 2.5 cM obtenus à la dernière itération d'ERSAit.

On observe presque trois fois plus d'individus consanguins en utilisant FSuite avec les points chauds de recombinaisons (154 pour FSuite_1HOT et 149 pour FSuite_HOTS, contre 58 avec la méthode initiale). Cette différence s'explique par le fait que FSuite détecte mieux les segments HBD quand il crée des sous-cartes à partir des points chauds de recombinaison (Figure 3.4.C). La Figure 4.3 illustre d'ailleurs assez nettement ce fait, puisque FSuite détecte uniquement des individus consanguins ayant au moins un ROH plus grand que 12 cM (54 individus sur les 58), alors que FSuite_HOTS est capable de détecter 93 individus ayant au moins un ROH plus petit que 12 cM (19 + 70 + 4, Figure 4.3.C).

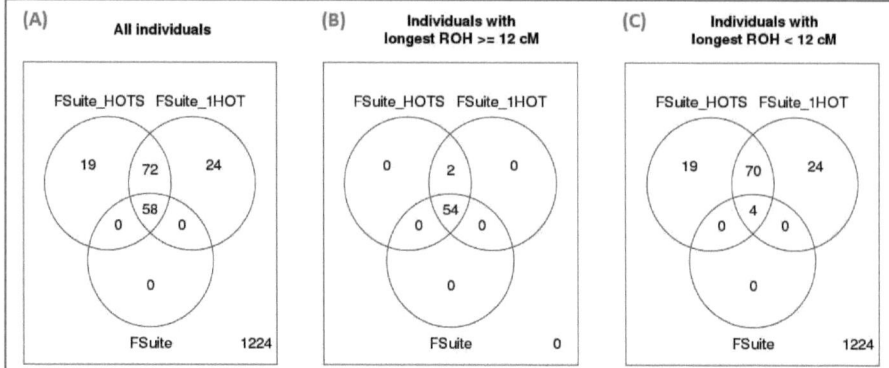

Figure 4.3 : Diagramme de Venn des individus inférés comme consanguin par FSuite. Le graphe (A) montre le diagramme de Venn de tous les individus inférés comme consanguin par FSuite. Le graphe (B) montre le diagramme de Venn de tous les individus ayant au moins un ROH ≥ 12 cM inférés comme consanguin par FSuite. Le graphe (C) montre le diagramme de Venn de tous les individus ayant au moins un ROH < 12 cM inférés comme consanguin par FSuite.

Ces 93 individus viennent principalement de 6 populations : celle des Indiens (GIH, dont près de la moitié est inférée comme consanguine), celles vivant en Afrique (YRI, LWK et MKK), celle des Toscans (TSI) et celle des Mexico-Américains (MXL). Pour vérifier également qu'il n'existe pas dans ces populations de grandes régions de LD, qui conduiraient à inférer à tort des individus comme consanguins, nous avons regardé pour chacune de ces populations la distribution de leurs ROHs sur le génome (Figure 4.4). On observe que ces ROHs sont répartis uniformément sur le génome et que le nombre de pics, suggérant des régions de LD, ne sont pas plus nombreux dans les 6 populations citées que dans les 5 autres.

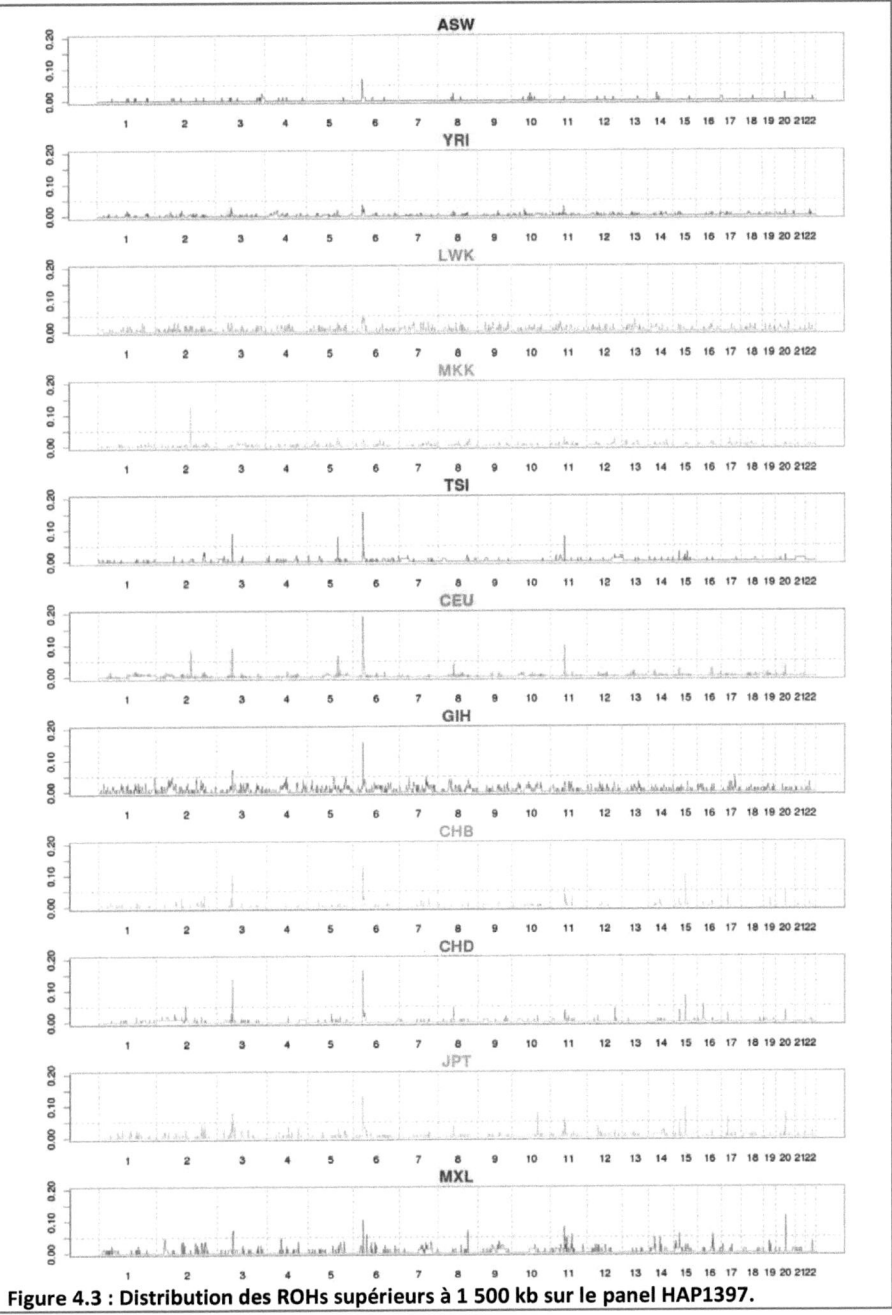

Figure 4.3 : Distribution des ROHs supérieurs à 1 500 kb sur le panel HAP1397.

L'autre résultat surprenant est celui d'ERSAit. Ses résultats sont très similaires de ceux de FSuite, alors que la Figure 3.13 indiquait une puissance proche de celle de FSuite_1HOT. Cela vient du modèle d'ERSA, qui identifie les individus consanguins dans leur contexte populationnel en déterminant ceux qui sont plus consanguins que le reste de la population. Ainsi, dans une population où la consanguinité est élevée, seuls les individus les plus consanguins seront identifiés. On peut vérifier cette conclusion en observant que les paramètres η et θ estimés par ERSAit sont très élevés pour les 6 populations d'HapMap les plus consanguines : les Indiens (GIH) ont le plus grand η (2.55 ROHs en moyenne par individu non consanguin), et les Toscans (TSI) ont le plus grand θ (4.92 cM). Lorsque l'on compare les paramètres de ces populations aux résultats de la Figure 3.14, on se rend compte du faible TPR d'ERSA pour détecter des individus consanguins avec un ou deux segments HBD de 8 cM. Cela valide donc que deux individus avec les mêmes ROHs peuvent être classés différemment : comme consanguins quand ils ont été échantillonnés à partir d'une population avec peu d'individus consanguins, ou comme non consanguins quand ils l'ont été à partir d'une population où la consanguinité est plus fréquente.

2.4 Conclusion

Nous venons de détecter 58 individus consanguins dans le panel HapMap III. Si 3 de ces individus sont très vraisemblablement des 1C, les autres semblent être des individus issus de relations plus éloignées. Nous conseillons d'utiliser notre panel d'individus non apparentés et non consanguins HAP1067 pour estimer les fréquences haplotypiques d'une population, ou sélectionner des haplotypes de référence.

Les méthodes FSuite_1HOT et FSuite_HOTS ont montré un excès de consanguinité dans 6 populations d'HapMap, où l'on observe des individus consanguins ayant une boucle de consanguinité « éloignée », se traduisant ici par la présence sur leur génome d'un seul segment HBD plus petit que 12 cM. La présence de consanguinité « éloignée » dans ces populations peut être liée au caractère isolé de certaines d'entre elles. Par exemple, les Indiens (GIH) viennent d'une communauté vivant à Houston, et les Maasaï (MKK) vivant dans des villages. Leurs populations fondatrices étant vraisemblablement constituées de peu d'individus, on retrouve ainsi dans leurs génomes des traces de boucles de consanguinité « éloignée ». Pour les 4 autres populations (YRI, LWK, TSI et MXL), le consortium d'HapMap ne fournit pas suffisamment d'éléments qui nous permettraient de confirmer leur caractère isolé. On peut penser que le critère de sélection des individus (vraisemblablement avoir ses 4 grands-parents issus de la même population) peut pousser à les sélectionner dans des populations isolées et ainsi augmenter le nombre d'individus consanguins dans un échantillon. A noter que Gusev et coll. (2012) avaient déjà reporté un « excès d'apparentement » dans des populations d'HapMap, mais uniquement chez les Luhya (LWK), les Maasaï (MKK) et les Indiens (GIH).

La comparaison des résultats de différentes méthodes illustre le fait que chacune détecte des individus consanguins sous différents scénarios :
- FSuite détecte des individus issus de consanguinité « récente », i.e. jusqu'aux 3C,
- FSuite_1HOT et FSuite_HOTS, par leur détection de plus petits segments HBD, détectent une consanguinité qui serait plus « éloignée », i.e. jusqu'aux 4C et aux autres types de consanguinité où l'on attend en moyenne moins d'un segment HBD, et dont le nombre d'individus dépend de l'histoire de la population fondatrice,

- ERSAit détecte des individus plus consanguins que l'ensemble des individus de l'échantillon.

Le choix de la méthode à utiliser dépend donc de l'hypothèse à tester. Dans notre processus de simulations, nous avons considéré principalement des individus issus de consanguinité « récente », la population fondatrice ne datant seulement que de 6 générations dans le passé. Il serait donc intéressant de réaliser de nouvelles simulations faisant varier la taille de la population fondatrice, ainsi que le nombre de générations jusqu'à la population actuelle, pour tester l'influence de l'histoire démographique sur la détection de la consanguinité.

L'estimation des fréquences alléliques est également cruciale dans les études génétiques. Elles supposent néanmoins que les populations étudiées soient homogènes, ce qui n'est pas toujours le cas : une population peut être considérée comme un mélange (ou *admixture*) de différentes populations. Par exemple, dans le cas des populations d'HapMap, il a été montré que le génome des MXL est composé en partie d'un génome d'origine européenne, et de l'autre partie d'un génome venant de natifs américains (Thornton et coll. 2012). Il a donc été récemment conseillé, pour les individus issus de ces populations mélangées, de calculer l'origine populationnelle de chaque haplotype du génome, avec un logiciel comme Admixture (Alexander et coll. 2009), puis de combiner ce résultat aux fréquences alléliques de chaque population pour créer des fréquences alléliques propres aux individus (Thornton et coll. 2012, Moltke et Albrechtsen 2013). Il serait intéressant d'étendre ce modèle à FSuite, et de comparer les résultats avec la population mexico-américaine (MXL).

Certaines des populations du panel HapMap contiennent des données trios (un individu et ses deux parents). Nous avons donc essayé de vérifier la concordance entre la consanguinité des enfants, que nous avons estimée, et l'apparentement des parents, estimée dans d'autres études. Nous avons considéré les 158 trios connus d'HapMap, et 10 nouveaux trios détectés par Pemberton et coll. (2010). Pemberton et coll. n'ont détecté aucun lien de parenté dans ces 168 couples. De notre côté, nous sommes néanmoins parvenu à identifier 4 enfants consanguins (NA19224, NA19763, NA19918, and NA21425). Comme leur f est très petit (maximum 1.29 %), et que la méthode utilisée par Pemberton et coll. ne permet de détecter que des relations jusqu'aux cousins au premier degré (coefficient de consanguinité attendu chez leur enfant 1/16), cela semble logique qu'aucun apparentement n'ait été détecté. Une autre étude, réalisée par Stevens et coll. (2012), a identifié 28 individus consanguins en cherchant des régions « IBD2 » entre un parent et un enfant (soit HBD chez les deux individus). Nous n'avons trouvé que 5 de ces individus consanguins. Néanmoins, nous sommes assez sceptiques quant à la pertinence de leur méthodologie, qui semble détecter des régions homozygotes dues au LD et non à la consanguinité de l'enfant.

3 Apport de l'homozygotie à l'étude des maladies multifactorielles

Les variants récessifs jouent un rôle important sur le génome humain. En effet, de nombreuses études de mutagenèse ont d'abord montré que plus de 90 % des mutations ont un effet récessif, et cela dans différents organismes diploïdes (Wilkie 1994). Ensuite, grâce à une classification fonctionnelle des protéines codées par près de 1 000 gènes impliqués dans des maladies (la plupart mendéliennes), il a été montré que les gènes codant pour des enzymes (31.2 % des gènes étudiés) étaient principalement responsables de maladies récessives (Jimenez-Sanchez et coll. 2001). Enfin, les mutations récessives ne sont pas soumises à des pressions de sélection quand elles sont sous l'état hétérozygote. Elles peuvent ainsi rester cachées et s'accumuler pendant plusieurs générations (Furney et coll. 2006, Blekhman et coll. 2008).

Néanmoins, peu de variants récessifs sont connus dans les maladies multifactorielles. Pour les formes héréditaires ou mendéliennes de la maladie, cela s'explique par la difficulté à identifier des familles : une forme récessive n'est visible qu'à une seule génération, et la proportion d'enfants porteurs des 2 mutations causales dans une fratrie est seulement de 1 sur 4. Pour les variants de susceptibilité, les GWAS testent par défaut le modèle additif. Si ce modèle conserve une bonne puissance de détection des effets dominants, il perd néanmoins en puissance pour les effets récessifs (Lettre et coll. 2007). Dans le cas où le modèle récessif est testé, un variant peut ne pas être découvert pour plusieurs raisons :

1) Les génotypes homozygotes sont rares : pour que l'on observe 10 % des individus avec un génotype homozygote, il faut que l'allèle ait une fréquence > 30 %,

2) Le seuil de significativité après correction pour tests multiples est très strict (5 x 10^{-8}), pouvant exclure des variants impliqués,
3) Il n'est pas possible de prendre en compte l'hétérogénéité allélique en testant un marqueur à la fois.

En effet, mis à part le modèle récessif classique dans lequel seuls les porteurs homozygotes de l'allèle de susceptibilité peuvent être atteints, d'autres modèles plus complexes avec une hétérogénéité allélique sont également envisageables (Figure 4.4). Le modèle b), appelé ici modèle récessif composite, considère une hétérogénéité allélique, avec les hétérozygotes composites conférant une susceptibilité à la maladie. Le modèle c), appelé ici vrai modèle récessif, considère aussi une hétérogénéité allélique, mais seuls les homozygotes confèrent une susceptibilité à la maladie.

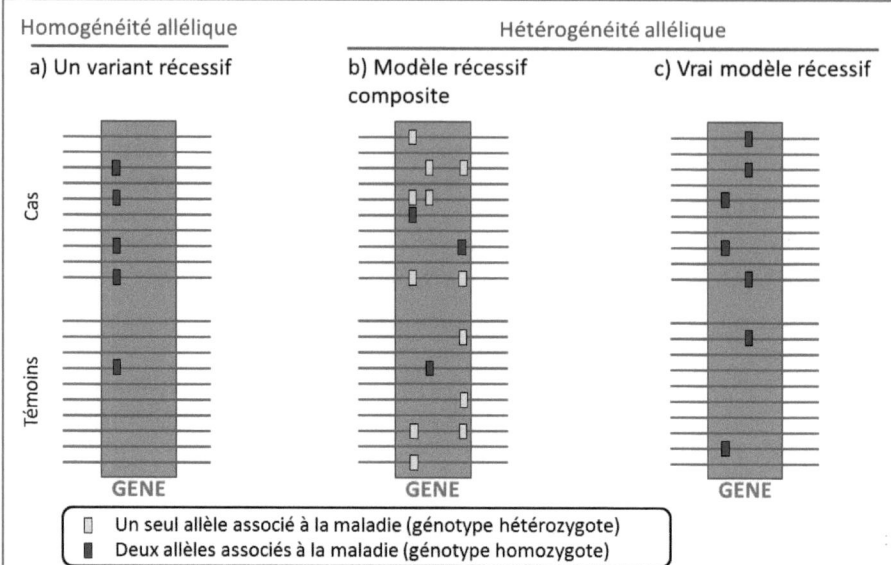

Figure 4.4 : Différents scénarios de modèle récessif. Le modèle a) considère un seul génotype homozygote avec une fréquence différente chez les cas et les témoins (ici 4 contre 1). Le modèle b) considère une hétérogénéité allélique (ici 3 marqueurs dans le même gène), avec les hétérozygotes composites conférant aussi une susceptibilité à la maladie (ici 5 contre 2). Le modèle c) considère aussi une hétérogénéité allélique (ici 2 marqueurs dans le même gène), mais seuls les homozygotes confèrent une susceptibilité à la maladie (ici 5 contre 2).

3.1 Stratégies pour détecter des effets récessifs dans les maladies multifactorielles

3.1.1 Apport des ROHs à l'étude des maladies multifactorielles

Pour contourner les 3 problèmes venant d'être cités, une des solutions pourrait être d'étudier les ROHs qui pourraient « étiqueter » (de l'anglais *tag*) ces variants à effets récessifs (Gibbs et Singleton 2006). Conceptuellement, les avantages d'une telle stratégie sont multiples :

1) Un ROH peut être due au LD, à une délétion, à une anomalie cytogénétique telles les disomies uniparentales (deux chromosomes d'une même paire venant du même parent), ou à la consanguinité : dans tous ces cas, il peut contenir et étiqueter des variants avec effet récessif,
2) Si l'on décide de réaliser un test par gène (environ 20 000), comme conseillé par Simon-Sanchez et coll. (2012), le seuil de significativité après correction pour tests multiples serait de 2.5×10^{-6}, contre 5×10^{-8} pour les GWAS classiques,
3) La prise en compte de l'hétérogénéité allélique, en particulier pour le modèle c).

Plus récemment, Wang et coll. ont proposé une approche se restreignant aux segments HBD, pour étiqueter uniquement des variants rares (Wang et coll. 2009).

Depuis, de nouveaux éléments sont également venus suggérer l'impact des ROHs dans les maladies multifactorielles. Tout d'abord, de nombreuses études ont trouvé des associations significatives en contrastant la présence, le nombre, la taille totale ou la taille moyenne des ROHs chez des cas et des témoins. Ces études testant **l'enrichissement des ROHs** (ou *ROH burden test*) ont ainsi suggéré l'influence de plusieurs variants à effet récessif dans la Schizophrénie (Keller et coll. 2012), la taille d'un individu (McQuillan et coll. 2012), et la maladie d'Alzheimer (Ghani et coll. 2013). Enfin, il a récemment été montré, en comparant des variants issus du séquençage d'exomes aux ROHs détectés sur des données SNPs, que les ROHs sont enrichis en variants délétères (Szpiech et coll. 2013), ce qui en fait donc un type de polymorphisme intéressant pour les maladies multifactorielles.

3.1.2 Etudes existantes

Lencz et coll. (2007) furent les premiers à ainsi contraster la fréquence de ROHs (100 SNPs) sur 178 individus atteints de schizophrénie et 144 témoins. Ils détectèrent 9 régions pour lesquelles la présence de ROHs est significativement plus élevée chez les cas que chez les témoins. Pour 6 de ces régions, la fréquence des ROHs était très faible chez les témoins (< 5 %), voir nulle. Pour les 3 autres régions, les ROHs étaient communs chez les témoins (jusqu'à 32.6 %). Ces résultats suggèrent donc différents mécanismes impliquant les régions homozygotes dans les maladies multifactorielles : des ROHs (rares) étiquetant des **variants rares avec pénétrance complète ou quasi-complète**, et d'autres (communs) étiquetant des **variants communs avec effet plus modéré**.

Depuis, plusieurs études ont répété cette stratégie (Table 4.4), chacune utilisant néanmoins des seuils de ROHs et des tests statistiques différents. Deux études (Keller et coll. 2012, Power et coll. 2014) ont suivi les recommandations d'Howrigan et coll. (partie 2.3 du chapitre 2) afin de se restreindre aux variants rares. Les autres études utilisent le plus souvent des seuils inférieurs ou égaux à 100 SNPs ou 1 000 kb, étiquetant à la fois des variants rares et fréquents. Ce choix peut paraître néanmoins discutable. En effet un seuil de 1 000 kb est trop petit pour sélectionner uniquement les segments qui étiquetteraient des variants rares, mais également trop grand pour étiqueter des variants communs. La seule étude cherchant vraiment à utiliser des ROHs pour étiqueter des variants fréquents est celle de Liu et coll. (2009), qui utilise des seuils de 10, 30, 50, 100, 140, 250, 500 et 1 000 kb, et qui considère un signal à un marqueur comme positif s'il est significatif pour 2 seuils successifs.

Phénotype	Données	ROHs
Schizophrénie (Lencz et coll. 2007)	178 cas et 144 témoins 444 763 SNPs	100 SNPs homozygotes
Alzheimer (Liu et coll. 2009)	859 cas et 552 témoins 502 627 SNPs	Différents seuils : 10, 30, 50, 100, 140, 250, 500 et 1 000 kb
Alzheimer (Nalls et coll. 2009a)	837 cas et 550 témoins 502 627 SNPs	1 000 kb (PLINK : option par défaut)
Cancer colorectal (Spain et coll. 2009)	921 cas et 929 témoins 486 303 SNPs	Différents seuils : 30, 40, 50 et 60 SNPs, 2 000, 4 000 et 10 000 kb (PLINK)
Trouble bipolaire (Vine et coll. 2009)	506 cas et 510 témoins	Identiques à Lencz et coll. 2007
Cancer du sein et de la prostate (Enciso-Mora et coll. 2010)	1 144 cas et 1 141 témoins 512 159 SNPs 1 168 cas et 1 093 témoins 509 008 SNPs	80 SNPs (PLINK)
Leucémie aiguë lymphoblastique (Hosking et coll. 2010)	824 cas et 2 398 témoins 292 200 SNPs	75 SNPs (PLINK)
Taille (Yang et coll. 2010)	998 patients Réplication sur 8 385 patients ~ 500 000 SNPs	500 kb (PLINK)
Age (Kuningas et coll. 2011)	5 974 patients	1 500 kb (PLINK)
Alzheimer (Sims et coll. 2011)	1 955 cas et 955 témoins 529 205 SNPs	1 000 kb (PLINK : option par défaut)
Autisme (Casey et coll. 2012)	2 584 trios 887 716 SNPs	1 000 kb (PLINK : option par défaut)
Schizophrénie (Keller et coll. 2012)	9 388 cas et 12 456 témoins 398 325 SNPs imputés	Elagage + 65 SNPs (PLINK)
Taille (McQuillan et coll. 2012)	35 808 patients 4 puces différences	Elagage + 1 000 kb (PLINK)
Parkinson (Simon-Sanchez et coll. 2012)	1 445 cas et 6 987 témoins 412 212 SNPs	Différents seuils : 1 000 à 10 000 kb (PLINK) 2 000 kb pour une cartographie par homozygotie
Polyarthrite rhumatoïde (Yang et coll. 2012)	1 999 cas et 3 002 témoins ~ 500 000 SNPs	Logiciel LOHAS (Yang et coll. 2011a)
Autisme (Gamsiz et coll. 2013)	2 108 familles (cas + germain non atteint) ~1 000 000 SNPs	Différents seuils : de 1 000, 1 750, 2 000, 2 500, 3 000 et 3 500 kb (PLINK)
Alzheimer (Ghani et coll. 2013)	547 cas et 542 témoins SNPs de la puce Illumina 650Y	1 000 kb (PLINK : option par défaut)
Autisme (Lin et coll. 2013)	315 cas et 1 115 témoins 546 080 SNPs	500 kb et 50 SNPs
Cancer du poumon (Wang et coll. 2013)	1 473 cas et 1962 témoins 591 370 SNPs	500 kb et 50 SNPs (PLINK)
Dépression (Power et coll. 2014)	9 238 cas et 9 521 témoins 1 235 109 SNPs imputés	Elagage + 65 SNPs (PLINK)

Table 4.4 : Etudes contrastant la fréquence des ROHs chez les cas et témoins. La colonne ROHs donne les seuils et les logiciels qui ont été utilisés.

Une fois ces ROHs détectés, il n'existe également pas de consensus quant à la stratégie à adopter pour détecter des effets récessifs. Bien que certaines études testent la présence de ROHs à chaque marqueur, cette approche semble moins avantageuse que de tester un nombre restreint de régions. La première étape de la stratégie consiste donc à déterminer les régions à tester. L'approche la plus utilisée est celle fournie par l'option *--homozyg-group* de PLINK, qui consiste à détecter les régions consensus de ROHs (Figure 4.5). D'autres études ont également proposé d'étudier la présence de ROHs à chaque marqueur, dans des fenêtres de 500 kb (Keller et coll. 2012), ou dans chaque gène (Simon-Sanchez et coll. 2012). Enfin, pour le test statistique à appliquer, cela varie d'une étude à l'autre entre le test de Fisher, le test du χ^2, la régression logistique, et l'usage ou non de permutations.

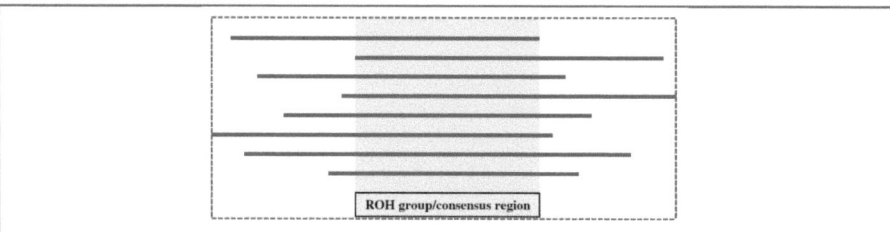

Figure 4.5 : Exemple d'une région consensus pour l'analyse des ROHs. Chaque trait représente le ROH d'un individu. La région surlignée est la région consensus.
Image tirée de Ku et coll. (2011).

D'un point de vue général, ces études ont obtenu de très faibles signaux et n'ont pour l'instant pas mené à la découverte de nouveaux gènes. Cependant, certaines de ces équipes disent poursuivre ces études en séquençant les cas ayant un ROH recoupant les régions les plus significatives.

A noter qu'une variante de cette stratégie consiste à contraster la proportion de toutes les paires de cas IBD à un marqueur, à celle de toutes les paires de contrôles (IBD *mapping*, Purcell et coll. 2007). Cette approche a néanmoins été beaucoup moins appliquée (Albrechtsen et coll. 2009, Francks et coll. 2010). Une seule étude méthodologique a été réalisée (Browning et Thompson 2012), montrant que bien que cette approche soit plus puissante qu'une analyse d'association pour détecter des variants rares, elle nécessitait elle aussi une très grande taille d'échantillon.

3.1.3 Stratégies retenues

A partir des études réalisées et des hypothèses à tester, nous avons distingué 3 stratégies pour trouver des gènes contenant des variants récessifs impliqués dans les maladies multifactorielles (Figure 4.6) :

- La cartographie par ROHs (ou ROH *mapping*), consistant à utiliser des ROHs de longueur variable (de 10 à 1 000 kb) pour contraster les régions de LD et/ou délétions qui pourraient étiqueter des variants communs ; pour les seuils ≤ 500 kb, nous considérons que les segments HBD sont trop rares (voir partie 3.1.4) et ont donc un impact négligeable sur cette stratégie,
- La cartographie par segments HBD (ou HBD *mapping*), consistant à contraster les régions HBD qui pourraient étiqueter des variants rares avec pénétrance incomplète,
- L'HBD-GWAS, introduit dans la partie 1.3, consistant à utiliser les cas consanguins pour trouver une sous-entité mendélienne de la maladie (variants très rares à pénétrance complète ou quasi-complète).

Pour la suite, nous allons appliquer la cartographie par ROHs et la cartographie par segments HBD sur chaque gène, en utilisant une régression logistique afin de pouvoir ajuster l'analyse sur plusieurs variables.

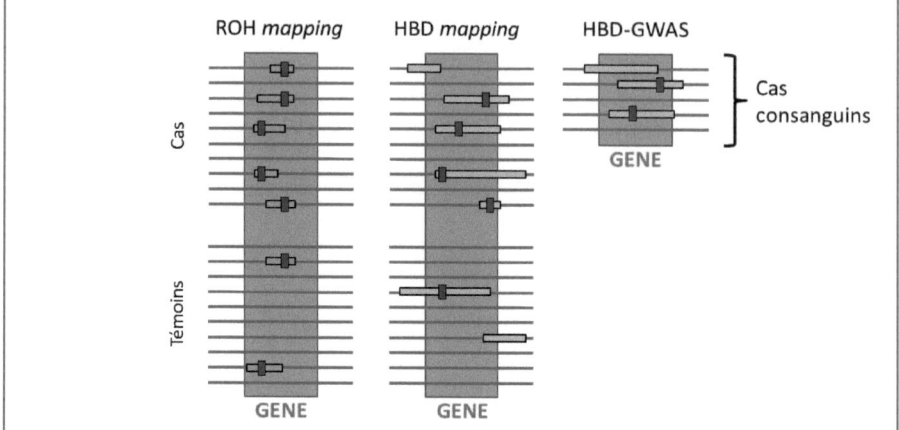

Figure 4.6 : Différentes approches pour détecter un effet récessif avec hétérogénéité allélique. Les segments représentent soit une région d'homozygotie (ROH), i.e. une région homozygote d'une taille supérieure à un seuil (10 kb à 1 000 kb) pour le ROH *mapping*, soit un segment HBD.

3.1.4 Homozygotie par descendance autour d'un variant récessif

Il semble difficile d'estimer le nombre de ROHs autour d'un variant récessif homozygote, celui-ci dépendant totalement de la structure de LD de sa région. On peut néanmoins estimer le nombre de cas HBD autour d'un gène contenant des variants rares à effet récessif.

Soit une maladie dont la fréquence dans la population est K, et qui peut être due à la présence d'un des x variants récessifs d'un gène G. Supposons que ces variants soient rares, qu'ils ne puissent donc situer sur le même haplotype, et que leur fréquence soit chacune égale à $q' = q/x$. Nous considérons un modèle maladie où un individu est atteint avec une probabilité P s'il porte un de ces x variants en double copies, ou avec une probabilité K sinon (on suppose le taux de phénocopies égale à la prévalence).

Soit un échantillon de N cas, dont le coefficient de consanguinité moyen est F. On peut alors écrire le nombre de cas HBD au gène G comme ceci :

$$N.P(HBD|atteint) = N\frac{P(HBD).P(atteint|HBD)}{P(atteint)} = N\frac{F(qP+(1-q)K)}{K}.$$

En fixant le nombre de cas à 2 000 et en prenant une pénétrance complète ($P = 1$), on observe que le nombre de cas HBD autour du gène G est tout de même assez faible dans différents scénarios (Table 4.5). Utiliser l'homozygotie par descendance devient intéressant à partir d'une prévalence inférieure à 0.5 %, et pour des variants dont la fréquence cumulée est supérieure 0.5 %.

		F					
		0.0001	0.0005	0.0010	0.0015	0.0020	0.0025
	q = 0.010	0.40	1.99	3.98	5.97	7.96	9.95
K = 0.010	q = 0.005	0.30	1.50	2.99	4.49	5.98	7.48
	q = 0.001	0.22	1.10	2.20	3.30	4.40	5.50
	q = 0.010	0.60	2.99	5.98	8.97	11.96	14.95
K = 0.005	q = 0.005	0.40	2.00	3.99	5.99	7.98	9.98
	q = 0.001	0.24	1.20	2.40	3.60	4.80	6.00
	q = 0.010	2.20	10.99	21.98	32.97	43.96	54.95
K = 0.001	q = 0.005	1.20	6.00	11.99	17.99	23.98	29.98
	q = 0.001	0.40	2.00	4.00	6.00	8.00	10.00

Table 4.5 : Nombre de cas HBD autour d'un gène contenant des variants rares à effet récessif. Ces chiffres ont été calculés en fixant le nombre de cas à N = 2 000 et la pénétrance des variants récessifs à $P = 1$, et en faisant varier la prévalence K, la fréquence des x allèles récessifs q, et le coefficient de consanguinité moyen F. Les deux extrêmes choisis pour cette valeur sont équivalent à 1 % des cas qui auraient un f = 0.01, et à 5 % des cas qui auraient un f = 0.05. La valeur de F estimée sur nos cas Alzheimer (partie 3.2) est comprise entre 0.0015 et 0.0020.

3.1.5 Stratégies pour le modèle récessif composite

Les stratégies venant d'être décrites sont adaptées pour les modèles récessifs a) et c), mais le sont moins pour le b). Bien que le modèle récessif composite soit également réaliste, il est également le plus difficile à tester, car nécessitant la connaissance des variants de susceptibilité à considérer. Pour ce type de modèle, une approche gène candidat (Gazal et coll. 2014), ou un algorithme plus complexe serait à envisager. Plusieurs stratégies, se basant uniquement sur des variants rares issus du séquençage, ont proposé de comparer le nombre d'individus portant au moins deux variants dans un échantillon cas-témoins (Morgenthaler et Thilly 2007, Li et Leal 2008, Madsen et Browning 2009). Cependant, ce type d'approche n'est pas adapté à des données issues de puces SNPs contenant peu de variants rares (Morris et Zeggini 2010). Plus récemment, Curtis (2013) a proposé de sélectionner les variants d'un gène répondant à plusieurs critères (fréquence, effet du variant sur la protéine, aucun variant en LD), afin de tester la proportion de cas homozygotes pour un variant, ou hétérozygotes pour deux variants. La difficulté de cette stratégie réside alors à choisir astucieusement les variants. Tester uniquement les variants se situant dans des exons, comme proposé par Curtis, n'est pas réaliste si l'on prend en compte le fait que les variants déjà identifiés par les GWAS se situent à l'extérieur des gènes (Edwards et coll. 2013).

3.2 Application à la maladie d'Alzheimer[1]

La maladie d'Alzheimer est une maladie neurodégénérative dont le principal facteur de risque est l'âge. On estime qu'en France cette maladie concerne plus d'1% de la population, et en concernera 3% en 2050 [www.fondation-alzheimer.org]. Cette maladie est la plus fréquente des démences du sujet âgé, avec une prévalence de 4 à 6% des individus de plus de 60 ans (Ferri et coll. 2005).

Nous allons maintenant appliquer et illustrer les différentes approches décrites dans la partie précédente sur un jeu de données GWAS de la maladie d'Alzheimer (Lambert et coll. 2009), dans le but de trouver de nouveaux gènes

---

[1] Afin de faciliter la lecture de cette partie, certaines figures et les tables seront fournies dans la dernière partie 3.2.8.

candidats avec effet récessif. Le choix de la maladie d'Alzheimer parait justifié, notamment pour la stratégie HBD-GWAS, pour plusieurs raisons :

1) On sait qu'il existe des formes monogéniques de la maladie d'Alzheimer, mais aucune n'a pour l'instant été identifiée comme étant récessive,
2) La population atteinte de la maladie d'Alzheimer étant une population âgée, elle a de fortes chances de fournir beaucoup de cas consanguins et d'augmenter la puissance de la stratégie HBD-GWAS (l'âge moyen étant de 74 ans dans le jeu de données de Lambert et coll. 2009, cela donne une année de naissance moyenne de 1935, période où les mariages entre individus apparentés étaient plus fréquents),
3) Cinq études ont déjà cherché à détecter des gènes qui contiennent des variants récessifs (Table 4.6), montrant l'attention portée par les cliniciens à ce type de gènes.

L'idée de cette partie de la thèse est donc d'utiliser un échantillon plus grand, et les conclusions de notre analyse précédente, afin de répliquer les résultats de ces 5 études et d'identifier des nouveaux gènes candidats.

3.2.1 Données et contrôle qualité

Les données initiales comprenaient 9 863 individus (2 219 cas et 7 644 témoins) génotypés sur 589 374 SNPs. Lors du QC, une analyse en composantes principales (ACP) a été réalisée avec le logiciel SMARTPCA (Price et coll. 2006), afin d'identifier et de supprimer les individus ayant une structure génétique différente de l'ensemble de la population (ou *population outliers*). A la fin du QC, il restait 6 930 individus (1 886 cas et 5 044 témoins) génotypés sur 499 944 SNPs (Figure 4.10, en suppléments).

Une nouvelle ACP a été réalisé sur les 6 930 individus passant le QC, afin d'ajuster les analyses à venir sur la structure de l'échantillon. En effet, il a été montré que cette stratégie était nécessaire pour corriger la stratification de la population, i.e. la présence de différentes sous-populations de cas et témoins (Price et coll. 2006). L'âge et le sexe seront également pris en compte dans toutes les régressions logistiques à venir.

La liste des gènes présents sur les autosomes (18 011 gènes) a été téléchargée sur le site de PLINK [pngu.mgh.harvard.edu/~purcell/plink]. L'ensemble des résultats obtenus sera comparé aux 15 premiers gènes identifiés comme étant impliqués dans la maladie d'Alzheimer (par ordre sur le génome : CR1, PSEN2, BIN1, TREM2, CD2AP, EPHA1, CLU, MS4A, PICALM, PSEN1, MAPT, ABCA7, APOE, CD33, et APP).

A noter que malgré la taille de notre jeu de données (environ 2 000 cas et 5 000 témoins), seul le gène APOE est identifiable par une GWAS après correction pour tests multiples, ce qui illustre la réelle difficulté d'identifier des gènes impliqués dans les maladies multifactorielles.

3.2.2 Description de la consanguinité chez les cas et les témoins

FSuite a été utilisé pour estimer et détecter la consanguinité. On trouve sur notre jeu de données 107 cas consanguins et 240 témoins consanguins (5.67 % des cas versus 4.76 % des témoins) (Figure 4.11, en suppléments). Un cas a un f estimé à 0.283, ce qui est proche de la valeur attendue pour un individu issu d'une union entre frère et sœur (ou grand-parent et petit-enfant ?). Ses régions d'homozygotie sont réparties sur différents chromosomes et ne semblent pas dues à des délétions.

3.2.3 Cartographie par ROH

Le logiciel PLINK a été utilisé pour détecter les ROHs. Les seuils de longueur proposés par Liu et coll. (2009) ont été utilisés : 10, 30, 50, 100, 140, 250, 500 et 1 000 kb. Les autres conditions imposaient au minimum 10 SNPs homozygotes consécutifs, et n'autorisaient aucun marqueur hétérozygote.

Pour identifier des gènes contenant des variants communs, des régressions logistiques ont été réalisées sur la présence/absence de ROH dans chaque gène, en ajustant sur l'âge, le sexe et les 2 premières coordonnées de l'ACP de chaque individu (Figure 4.7). On observe 110 gènes avec une p-valeur $< 10^{-3}$ (Table 4.7). **Un seul gène passe le seuil de significativité après correction pour tests multiples : GOLGA8E** ($p = 4.56 \times 10^{-6}$), situé au début du chromosome 15 (Table 4.9). Ce gène est référencé dans une seule étude de PubMed (Jiang et coll. 2008) qui montre l'implication de ce gène dans le syndrome de Prader-Willi (trouble neurocomportemental). On retrouve également des p-valeurs faibles ($< 10^{-3}$) mais non significatives pour des gènes intéressants : PDCH18 (chromosome 4, $p = 1.75 \times 10^{-4}$), TPP1 (chromosome 11, $p = 6.94 \times 10^{-5}$), et NPAS3 (chromosome 14, $p = 5.15 \times 10^{-5}$).

Bien qu'inattendus, on observe également des signaux élevés près d'une grande partie des gènes connus comme étant impliqués dans la maladie Alzheimer (Figure 4.7). Bien qu'aucun des 15 gènes n'ait une p-valeur < 0.05, on retrouve des signaux avec une p-valeur aux alentours de 10^{-4} près des gènes CD2AP (signal ayant la 2ème plus petite p-valeur), MS4A, PSEN1 et ABCA7/APOE.

CHAPITRE 4

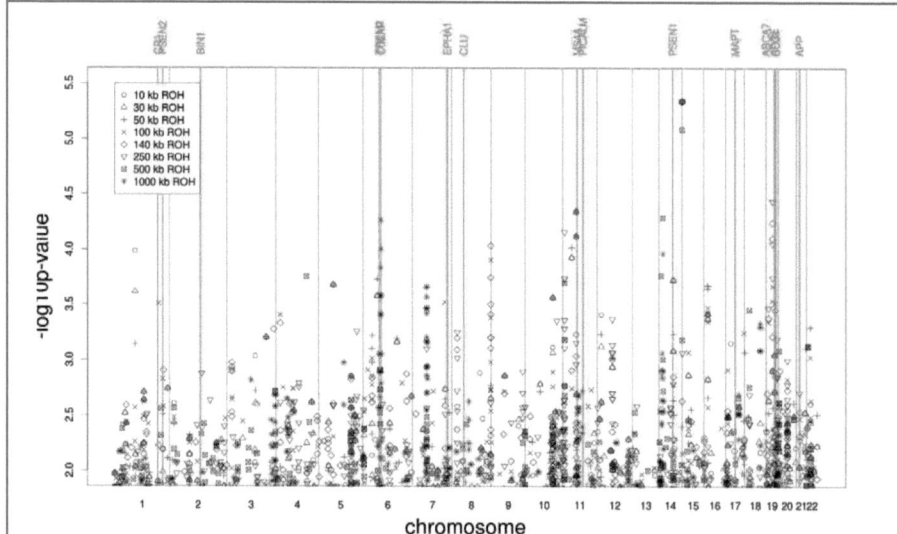

Figure 4.7 : *Manhattan plot* de la cartographie par ROHs. Chaque point représente le résultat pour un gène, et chaque forme représente un seuil de ROH. Les p-valeurs ont été calculées en ajustant sur l'âge, le sexe et les coordonnées des deux premiers axes de l'ACP. Les barres verticales sont les 15 gènes connus comme étant impliqués dans la maladie d'Alzheimer. Se superposent dans l'ordre CR1 et PSEN2 sur le chromosome 1, TREM2 et CD2AP sur le chromosome 6, MS4A et PICALM sur le chromosome 11, et ABCA7, APOE et CD33 sur le chromosome 19.

3.2.4 Cartographie par segments HBD

Le logiciel GIBDLD a été utilisé pour détecter les segments HBD. Pour estimer le risque associé à un niveau élevé d'homozygotie par descendance sur le génome, trois régressions logistiques ont été réalisées, en ajustant toujours sur les mêmes covariables. La première compare pour les cas et les témoins la proportion du génome dans un segment HBD, la deuxième compare l'absence/présence de segments HBD, et la troisième compare le nombre de segments HBD (Table 4.10). Ces trois quantités sont significatives, notamment les deux dernières (p-valeurs de 1.32×10^{-4} et 6.72×10^{-7} respectivement). En effet, 1 254 cas (66.49 %) ont au moins un segment HBD contre 3 093 témoins (61.32 %). De même on observe 1.55 segments HBD par cas et 1.34 par témoins. **Ces résultats suggèrent que de multiples variants récessifs rares pourraient jouer un rôle dans la maladie d'Alzheimer.**

Pour ensuite identifier des gènes contenant ces variants rares, des régressions logistiques ont été réalisées sur la présence/absence de segments HBD dans chaque gène (Figure 4.8).

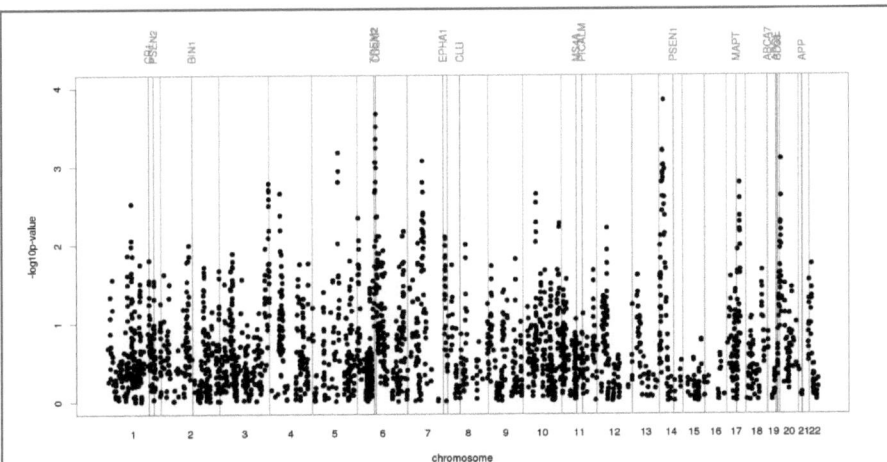

Figure 4.8 : *Manhattan* plot de la cartographie par segments HBD. Seuls les gènes situés dans un segment HBD chez au moins 5 cas ont été gardés pour l'analyse. Le nombre de tests réalisés est 1 229 ($-\log_{10}(0.05/1,229)$ = 4.39). Les p-valeurs ont été calculées en ajustant sur l'âge, le sexe et les coordonnées des deux premiers axes de l'ACP. Les barres verticales sont les 15 gènes connus comme étant impliqués dans la maladie d'Alzheimer. Se superposent dans l'ordre CR1 et PSEN2 sur le chromosome 1, TREM2 et CD2AP sur le chromosome 6, MS4A et PICALM sur le chromosome 11, et ABCA7, APOE et CD33 sur le chromosome 19.

Le signal le plus élevé est atteint pour le gène NPAS3 (chromosome 14, p = 1.44×10^{-4}) qui code pour un facteur de transcription exprimé dans le cerveau et qui semble jouer un rôle dans la schizophrénie, mais dont l'association avec la maladie d'Alzheimer ne semble pas avoir été étudiée (le gène n'est pas référencé dans AlzGene [www.alzgene.org/]). Ce gène est également détecté par la cartographie par ROHs avec des seuils de 500 kb et 1 000 kb. La deuxième plus petite p-valeur se situe autour de CD2AP, dont un des variants fréquents est déjà connu comme étant associé à la maladie. Au total, on trouve 236 gènes avec une p-valeur < 0.01, dans 24 régions différentes (Table 4.11).

3.2.5 Stratégie HBD-GWAS

La stratégie HBD-GWAS a été réalisée avec FSuite à partir des 107 cas consanguins (Figure 4.9).

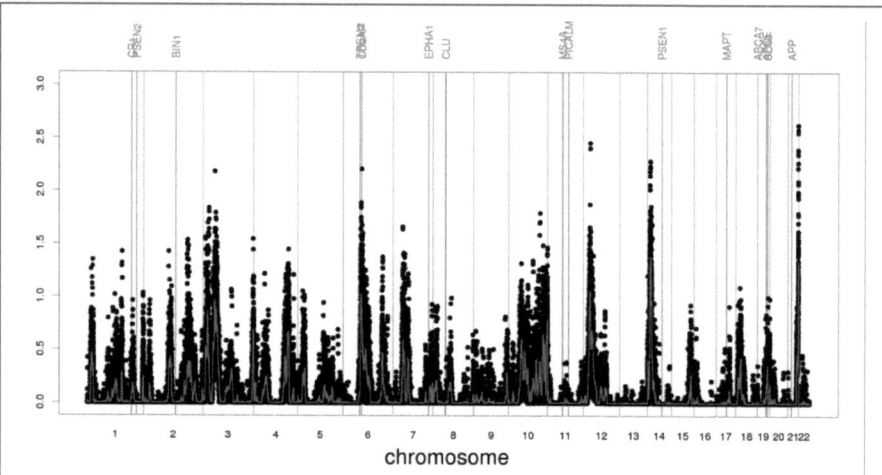

Figure 4.9 : HFLOD sur les 107 cas consanguins. Le FLOD score a été calculé par FSuite. Chaque point représente les différentes valeurs de HFLOD. La courbe représente la moyenne mobile de tous les HFLOD. Les barres verticales sont les 15 gènes connus comme étant impliqués dans la maladie d'Alzheimer. Se superposent dans l'ordre CR1 et PSEN2 sur le chromosome 1, TREM2 et CD2AP sur le chromosome 6, MS4A et PICALM sur le chromosome 11, et ABCA7, APOE et CD33 sur le chromosome 19.

Ces résultats sont très corrélés avec ceux de la cartographie par segments HBD. Le HFLOD le plus grand (2.6) est atteint pour un marqueur situé à proximité du gène LSS/OSC sur le chromosome 21, qui semble interagir avec le gène APOE (Beyea et coll. 2007). Plusieurs signaux apparaissent sur le chromosome 3 (du début jusqu'à 62 Mb, et de 190 Mb à la fin), sur le chromosome 6 (près de CD2AP), sur le chromosome 14 (près de NPAS3) et sur le chromosome 12 (de 10 Mb à 45 Mb), mais aucun n'est significatif si on considère que pour être significatif un LOD score d'hétérogénéité doit atteindre 3.3 (Ott 1991).

3.2.6 Comparaison avec les précédents travaux

Quatre équipes ont déjà étudié l'association entre les ROHs et la maladie d'Alzheimer (Liu et coll. 2009, Nalls et coll. 2009a, Sims et coll. 2011, Ghani et coll. 2013), et une équipe a étudié des cas familiaux d'Alzheimer dans une population arabe très consanguine (Farrer et coll. 2003) (Table 4.5).

Nalls et coll. et Sims et coll. ont étudié les ROHs de 1 000 kb et plus et n'ont pas mis en évidence d'enrichissement chez les malades (p = 0.052 et p = 0.45 respectivement). De plus aucun de nos meilleurs signaux avec des ROHs d'au moins 1 000 kb ne fait partie de leurs régions candidates. Liu et coll. ont utilisé les mêmes seuils de longueur que notre étude (de 10 à 1 000 kb) mais nous n'avons aucun signal en commun, excepté celui autour d'APOE.

Plus récemment, Ghani et coll. ont également étudié l'impact des ROHs d'au moins1 000 kb sur la maladie d'Alzheimer partir d'un échantillon de 547 cas et 542 témoins. Ils montrent un enrichissement de ces ROH chez les cas (p = 0.0039), mais que ce résultat dépend de la présence de 267 cas ayant une forme familiale de la maladie (p = 5×10^{-4}). Ils identifient deux gènes (EXOC4 et CTNNA3) qui ne ressortent pas dans notre étude de cartographie par ROHs utilisant un seuil de 1 000 kb (p = 0.84 et p = 0.66 respectivement).

Enfin, les travaux de Farrer et coll. s'apparentent plus à notre étude HBD-GWAS. Ils ont trouvé de grandes régions de liaison sur les chromosomes 2, 9, 10 et 12. Le premier pic du chromosome 10 que l'on observe Figure 4.12, est contenu dans leur région candidate de ce chromosome, mais cette région est trop grande (55-115 cM) pour vraiment parler d'une réplication. Leur région candidate du chromosome 12 ne recoupe pas la nôtre.

3.2.7 Conclusion

Identifier de nouveaux gènes impliqués dans les maladies multifactorielles est une tâche difficile, étant donné le nombre et le faible effet des variants testés par les GWAS, mais également la complexité de l'architecture génétique de ces maladies. Bien qu'une GWAS sur le jeu de données utilisé dans cette partie ne permette que l'identification d'un seul gène (APOE), nous avons pu néanmoins mettre en avant le rôle des segments HBD dans la maladie d'Alzheimer, et proposer de nouveaux gènes candidats.

Le gène GOLGA8E est sorti significatif de la cartographie par ROHs, après correction pour tests multiples. La très forte présence de ROHs dans ce gène (plus de 50 % des cas et témoins), semble suggérer que ces ROHs sont en réalité dus à des délétions. Jiang et coll. (2008) ont d'ailleurs décrit la région du chromosome 15 contenant le gène GOLGA8E comme une des plus polymorphes en terme de CNV du génome humain. Il pourrait donc être intéressant d'étudier les intensités de fluorescence autour de ce gène, plutôt que les génotypes, afin de mieux identifier un signal qui serait dû aux nombres de copies. A noter également que des CNVs du gène NIPA1 (situé à proximité du gène GOLGA8E, $p = 6 \times 10^{-4}$ avec un seuil de 500 kb) ont été proposés comme candidats à la maladie d'Alzheimer (Ghani et coll. 2012).

La cartographie par ROHs a également identifié des signaux près de nombreux gènes connus. Certains de ces signaux, obtenus avec des seuils de taille ≤ 250 kb, se trouvent autour de gènes à effet fort (APOE, APP, PSEN1 et PSEN2). Il serait donc intéressant d'approfondir l'étude de ces régions, afin de comprendre si ces gènes sont à l'origine de certains signaux. Si cela se trouve être le cas, cela encouragerait à utiliser la cartographie par ROHs avec des seuils de taille ≤ 250 kb, et non 1 000 kb comme cela est utilisé par défaut.

Cependant, le fait qu'elle ne permette pas une bonne localisation des gènes impliqués serait une sérieuse limite pour l'identification du gène causal. Parmi les plus forts signaux des 3 analyses, on retrouvait à chaque fois le gène CD2AP (seulement avec des ROHs ≥ 1 000 kb pour la cartographie par ROHs), dont un des variants est connu comme étant impliqué dans la maladie d'Alzheimer. Il pourrait être intéressant d'étudier si des variants rares de ce gène peuvent aussi conférer un risque fort de maladie.

D'autres signaux mériteraient d'être approfondis, comme ceux autour des gènes NPAS3 (identifié par les 3 approches), PDCH18 et TPP1 (identifiés par la cartographie par ROH), et LSS/OSC (identifié par la stratégie HBD-GWAS). Une des solutions pour approfondir l'étude des gènes NPAS3 et LSS/OSC serait de se concentrer sur les individus HBD à ces gènes. Ainsi on pourrait regarder si certains de ces individus ont un phénotype plus sévère (cohérent avec une origine mendélienne de la maladie), ou séquencer ces gènes pour trouver des variants rares ayant un effet sur la fonction de la protéine (seulement une dizaine de cas consanguins par gène candidat).

CHAPITRE 4

3.2.8 Suppléments

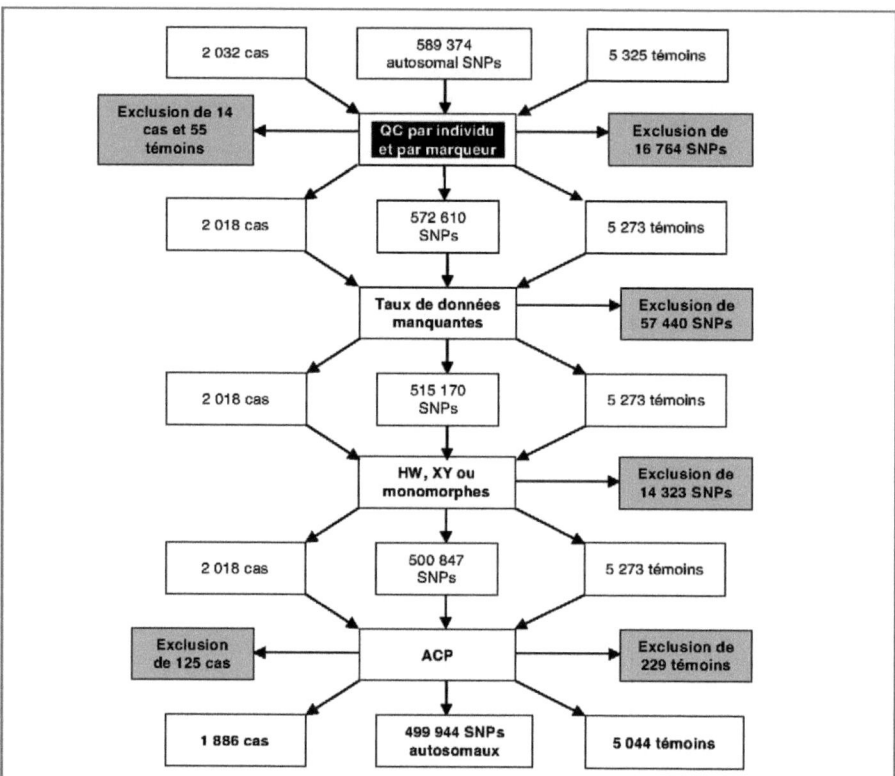

Figure 4.11 : Contrôle qualité (QC) des données Alzheimer. Les différentes étapes du QC sont dans l'ordre : 1) conservation de 7 360 individus avec une description phénotypique, 2) exclusion de 69 individus avec plus de 5 % de génotypes manquants, 3) exclusion de 16 764 SNPs mal génotypés (plus de 5 % de données manquantes), 4) exclusion de 57 440 SNPs avec un taux de données manquantes différentes chez les cas et les témoins (p-valeur < 0.01), 5) exclusion de 14 323 SNPs avec une statistique d'Hardy Weinberg inférieure à 10 -20, 6) exclusion des SNPs monomorphes, ou sur les chromosomes sexuels, 7) exclusion de 354 individus identifiés comme *population outliers* par SMARTPCA et dont le sexe n'était pas spécifié, et 8) exclusion de 903 SNPs monomorphes.

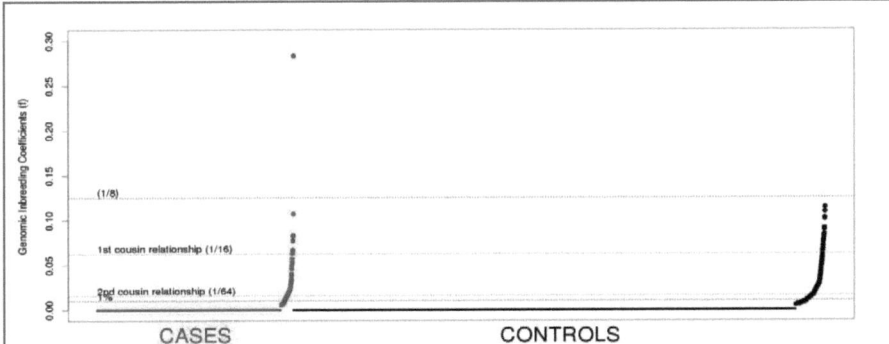

Figure 4.7 : Consanguinité chez les cas et les témoins. Chaque point représente l'estimation du coefficient de consanguinité f, estimé par FSuite. Les gros points représentent les individus avec un f statistiquement différent de 0.

Etude	Données	ROHs	Test	Résultats
Liu et coll. (2009)	859 cas 552 témoins 502 627 SNPs	10, 30, 50, 100, 140, 250, 500 et 1 000 kb	Selection des locus avec p < 0.001 pour deux seuils adjacents Sélection de jeux de données aléatoires pour calculer des scores de proportion	26 SNPs candidats
Nalls et coll. (2009)	837 cas 550 témoins 502 627 SNPs	1 000 kb (PLINK : option par défaut)	Régions consensus de PLINK (10 ROHs minimum) Analyse par permutations de PLINK	ROH *burden test* non significatif (p = 0.052) 1 090 régions consensus 32 régions avec p < 0.05
Sims et coll. (2011)	1 955 cas 955 témoins 529 205 SNPs	1 000 kb (PLINK : option par défaut)	Régions de 100 kb avec 2 ROHs minimum et au moins 3 SNPs	ROH *burden test* non significatif (p = 0.45) 22 régions avec p < 0.10
Ghani et coll. (2013)	547 cas 542 témoins SNPs de la puce Illu 650Y	1 000 kb (PLINK : option par défaut)	Régions consensus de PLINK (10 ROHs minimum) Analyse par permutations de PLINK	ROH *burden test* significatif (p = 0.0005) Gène EXOC4 et CTNNA3 significatifs
Farrer et coll. (2003)	187 familles (population consanguine)		375 tests sur 5 cas/ témoins Marqueurs avec p < 0.05 sur 100 cas/ témoins	Associations significatives sur les chromosomes 2, 9, 10 et 12

Table 4.6 : Etudes sur l'homozygotie dans la maladie d'Alzheimer.

CHAPITRE 4

CHR	DEB	FIN	p-valeur	OR	95 % CI	Seuil	Effectifs	Gènes
1	85163853	85235384	1.03E-04	0.8	[0.72-0.9]	10	667/2058	MCOLN2
1	207823667	207853907	3.11E-04	1.45	[1.18-1.77]	100	163/315	CAMK1G
3	115330246	115380589	9.23E-04	1.2	[1.08-1.34]	10	1123/2810	DRD3
3	158743852	158801715	6.25E-04	1.21	[1.08-1.35]	10 à 50	848/2052	C3orf55
3	189413414	190080135	5.29E-04	1.26	[1.1-1.43]	140	443/988	LPP
*4	14950709	15056364	3.93E-04	1.23	[1.1-1.37]	100	695/1632	C1QTNF7
4	138659521	138673079	1.75E-04	2.45	[1.53-3.91]	500	35/41	PCDH18
5	60276712	60484621	2.09E-04	0.81	[0.73-0.91]	10 à 50	758/2287	NDUFAF2
5	159611248	159672151	5.51E-04	1.43	[1.16-1.74]	250	162/322	CCNJL
6	26215618	26232897	6.02E-04	0.79	[0.69-0.9]	50	358/1131	**HIST1H1T**, HIST1H2BC, HIST1H2AC
6	34613557	34632069	1.84E-04	0.79	[0.7-0.9]	50	501/1595	SPDEF
6	44189349	47030634	5.42E-05	10.93	[3.7-40.09]	1000	13/4	MRPL14, TMEM63B, CAPN11, SLC29A1, HSP90AB1, SLC35B2, CLIC5, ENPP4, ENPP5, RCAN2, CYP39A1, SLC25A27, TDRD6, PLA2G7, **MEP1A**, GPR116
6	118103309	118138579	6.42E-04	1.21	[1.08-1.34]	50	977/2363	NUS1
7	44207102	47545724	2.19E-04	4.3	[2-9.53]	1000	17/12	YKT6, CAMK2B, **NUDCD3**, **LOC644907**, NPC1L1, DDX56, TMED4, OGDH, ZMIZ2, MYO1G, CCM2, TBRG4, TNS3
7	131458630	131983987	3.01E-04	0.82	[0.73-0.91]	100	1070/3088	PLXNA4
*8	11179409	11763055	5.61E-04	1.55	[1.21-1.99]	250	105/191	MTMR9, AMAC1L2, FDFT1, **CTSB**
8	143758876	143865010	9.18E-05	1.28	[1.13-1.46]	140	493/1074	**PSCA**, LY6K, C8orf55, SLURP1, LYPD2, LYNX1, LY6D
10	101360264	101831632	2.71E-04	0.81	[0.72-0.91]	50	621/1913	SLC25A28, **CPN1**
10	117812942	118022966	4.42E-04	1.28	[1.12-1.47]	250	368/809	GFRA1
11	5963746	5964736	5.19E-04	1.44	[1.17-1.77]	250	156/287	OR52L1
11	6577727	6633650	6.94E-05	2.11	[1.45-3.04]	250	54/72	KIAA0409, ILK, TAF10, **TPP1**, DCHS1
*11	29988340	29995064	9.53E-05	1.29	[1.13-1.46]	50	478/1090	KCNA4
11	49930550	49960613	4.52E-05	0.79	[0.71-0.89]	10 à 100	692/2098	OR4C13, **OR4C12**
12	12705262	12706671	3.89E-04	0.81	[0.72-0.91]	10	604/1831	GPR19
12	54400487	54646093	4.25E-04	1.3	[1.12-1.5]	250	331/727	RDH5, CD63, GDF11, CIP29, **SILV**
14	25984928	26136800	1.70E-04	1.93	[1.37-2.72]	500	59/87	NOVA1
14	31616245	33490035	5.15E-05	9.89	[3.41-32.83]	500	12/5	ARHGAP5, **NPAS3**, EGLN3
14	74418271	74458898	1.87E-04	0.8	[0.71-0.9]	10, 30	550/1727	DLST, **RPS6KL1**
15	20594719	20999860	4.56E-06	0.77	[0.69-0.86]	10 à 250	1072/3168	NIPA1, **GOLGA8E**
15	46218920	46257850	8.49E-04	0.36	[0.2-0.66]	100	1863/5021	MYEF2
*16	11274644	11353118	2.11E-04	0.76	[0.66-0.88]	50	302/998	PRM3, **PRM2**, PRM1, C16orf75
17	15280062	15311650	6.98E-04	1.21	[1.08-1.35]	10	1130/2800	CDRT4
17	75797673	75808794	5.65E-04	1.41	[1.16-1.71]	100	176/351	SGSH
18	894943	902173	8.46E-04	0.75	[0.63-0.89]	50	203/687	ADCYAP1

18	*19129976*	*19271923*	*3.48E-04*	*1.59*	*[1.23-2.05]*	*500*	*103/183*	*C18orf45*
18	57862437	58798646	4.66E-04	5.46	[2.17-14.98]	1000	13/7	PIGN, KIAA1468, TNFRSF11A, **ZCCHC2**, PHLPP
19	12361829	12373034	3.37E-04	1.38	[1.15-1.64]	250	220/440	ZNF799
19	39860406	39955974	7.89E-05	1.32	[1.15-1.52]	140	377/834	ZNF302, **ZNF181**, ZNF599
*19	50137334	52998673	3.05E-04	1.35	[1.14-1.58]	100	260/549	APOC4, **CCDC8**, TPRX1
19	60279032	60291103	6.45E-04	3	[1.59-5.68]	250	21/21	EPS8L1
20	*1907401*	*1922702*	*8.13E-04*	*8.88*	*[2.58-35.48]*	*500*	*8/4*	*PDYN*
21	43462209	43465982	7.81E-04	1.36	[1.13-1.62]	50	210/418	CRYAA
22	*21168771*	*21320368*	*7.43E-04*	*3.4*	*[1.67-6.99]*	*500*	*18/16*	*ZNF280B, ZNF280A, PRAME, **GGTLC2***
22	27985843	27993914	5.05E-04	0.79	[0.7-0.9]	50	391/1279	RHBDD3

Table 4.7 : Top gènes de la cartographie par ROH. Les 110 gènes avec une p-valeur < 0.001. Les régressions logistiques sont ajustées sur l'âge, le sexe, et les coordonnées des deux premiers axes de l'ACP. Les colonnes p-valeur, OR, IC, seuils de longueur ROH et effectifs (cas versus témoins) correspondent au gène le plus significatif (en gras dans la colonne gènes). Les lignes commençant par * indiquent une région proche d'un marqueur ayant une p-valeur < 10^{-4} dans une étude d'association sous un modèle récessif. Les lignes en *gris italique* ne sont significatives que pour un seuil de longueur ROH, et peuvent donc être considéré comme des faux positifs selon Liu et coll. (2009).

	10 kb	30 kb	50 kb	100 kb	140 kb	250 kb	500 kb	1 000 kb
M_{eff} (Li and Ji 2005)	11 916	11 838	11 592	10 698	10 019	8 482	6 259	3 897
$-\log_{10}(0.05/M_{eff})$	5.38	5.37	5.36	5.33	5.30	5.23	5.10	4.89

Table 4.8 : Seuils de significativité pour la cartographie par ROH. M_{eff} est nombre de tests effectifs calculé par la méthode de Li et Ji (2005).

Seuil (kb)	# cas/ # témoins	fréquence cas	fréquence témoins	p-valeur	OR	95 % CI	p-valeur corrigée
10	1 072/3 168	0.5684	0.6281	4.56E-06	0.77	[0.69-0.86]	0.0543
30	1 072/3 168	0.5684	0.6281	4.56E-06	0.77	[0.69-0.86]	0.0540
50	1 072/3 168	0.5684	0.6281	4.56E-06	0.77	[0.69-0.86]	0.0529
100	1 072/3 168	0.5684	0.6281	4.56E-06	0.77	[0.69-0.86]	**0.0488**
140	1 072/3 168	0.5684	0.6281	4.56E-06	0.77	[0.69-0.86]	**0.0457**
250	1 072/3 168	0.5684	0.6281	4.56E-06	0.77	[0.69-0.86]	**0.0387**
500	1 064/3 139	0.5642	0.6223	8.20E-06	0.78	[0.70-0.87]	0.0513
1 000	4/17	0.0021	0.0034	0.3644	0.6	[0.17-1.65]	1

Table 4.9 : Résultats de la cartographie par ROHs pour le gène GOLGA8E. La p-valeur corrigée a été calculée à partir du nombre de tests effectifs (Table 4.8). Les valeurs en gras sont < 0.05.

CHAPITRE 4

	p-valeur	OR / 95 % CI
Proportion du génome dans un segment HBD (en bp)	0.02	1.08 [1.01-1.16]
Avoir au moins un segment HBD	1.32E-04	1.25 [1.11-1.40]
Nombre de segments HBD	6.72E-07	1.06 [1.04-1.09]

Table 4.10 : Enrichissement des segments HBD (ou HBD *burden test*). Les régressions logistiques sont ajustées sur l'âge, le sexe, et les coordonnées des deux premiers axes de l'ACP.

CHR	DEB	FIN	p-valeur	OR	95 % CI	Effectifs	Gènes
1	107915304	108544497	3.00E-03	6.02	[1.88-21.19]	8vs5	**VAV3**, SLC25A24
3	194441611	197120277	1.66E-03	7.44	[2.23-29.16]	8vs4	HRASLS, ATP13A5, ATP13A4, OPA1, HES1, **CPN2**, LRRC15, GP5, ATP13A3, TMEM44, LSG1, FAM43A, C3orf21, CENTB2, PPP1R2, APOD, MUC20, MUC4, TNK2
4	40446670	41784308	2.21E-03	14.85	[2.98-110.79]	6vs2	**NSUN7**, APBB2, UCHL1, LIMCH1, PHOX2B, TMEM33, WDR21B, SLC30A9
5	107223347	109231328	6.62E-04	15.86	[3.83-108.41]	9vs2	FBXL17, FER, **PJA2**, MAN2A1
6	1335067	1340831	4.54E-03	11.07	[2.38-78.78]	6vs2	FOXF2
6	3064040	3172870	8.78E-03	4.4	[1.46-13.98]	8vs6	**BPHL, TUBB2A, TUBB2B**
6	44076316	47702955	2.13E-04	7.79	[2.76-25.39]	12vs5	C6orf223, MRPL14, TMEM63B, CAPN11, SLC29A1, HSP90AB1, SLC35B2, NFKBIE, TCTE1, AARS2, SPATS1, CDC5L, SUPT3H, RUNX2, CLIC5, ENPP4, ENPP5, RCAN2, CYP39A1, SLC25A27, TDRD6, PLA2G7, MEP1A, **GPR116**, GPR110, TNFRSF21, CD2AP
6	52159143	52217257	4.36E-03	4.57	[1.61-13.51]	9vs7	**IL17A**, IL17F
6	64414389	64482364	7.79E-03	3.84	[1.43-10.69]	10vs8	PHF3
6	155453114	155639371	7.76E-03	6.54	[1.8-31.38]	8vs3	**TIAM2, TFB1M, CLDN20**
6	160020138	160447573	6.76E-03	3.41	[1.41-8.51]	12vs10	**SOD2, WTAP, ACAT2, TCP1, MRPL18, PNLDC1, MAS1, IGF2R**
7	30141076	30484790	9.53E-03	4.99	[1.51-18.05]	8vs5	**C7orf41, ZNRF2, NOD1**
7	42915396	51352009	8.54E-04	5.6	[2.05-16.12]	10vs7	C7orf25, PSMA2, MRPL32, STK17A, C7orf44, BLVRA, MRPS24, URG4, UBE2D4, WBSCR19, DBNL, PGAM2, POLM, AEBP1, POLD2, MYL7, NUDCD3, LOC644907, NPC1L1, DDX56, TMED4, OGDH, ZMIZ2, PPIA, H2AFV, PURB, ADCY1, **IGFBP1, IGFBP3**, TNS3, LOC401335, FLJ21075, C7orf57, UPP1, FIGNL1, DDC, GRB10, COBL
7	149104063	150133141	7.97E-03	3.68	[1.41-9.98]	10vs8	**SSPO**, TMEM176B, TMEM176A
8	56177570	56601264	9.94E-03	3.55	[1.36-9.61]	10vs8	XKR4
10	37454790	42945803	2.27E-03	3.91	[1.64-9.64]	13vs10	ANKRD30A, ZNF248, ZNF25, ZNF33A, ZNF37A, ZNF33B, **BMS1**, RET
10	128103563	129140770	5.37E-03	5.01	[1.62-16.32]	8vs6	C10orf90, **DOCK1**
12	31426423	31635219	6.18E-03	4.11	[1.51-11.85]	10vs7	MGC24039
14	22485276	22549192	7.80E-03	4.12	[1.44-12.07]	8vs7	**C14orf94, JUB, C14orf93**
14	25984928	37795325	1.44E-04	6.75	[2.58-19.02]	13vs7	NOVA1, FOXG1, PRKD1, KIAA1333, SCFD1, COCH, STRN3, AP4S1, HECTD1, HEATR5A, C14orf126, NUBPL, ARHGAP5, AKAP6, **NPAS3**, EGLN3, C14orf147, EAPP, SNX6, CFL2, BAZ1A,

17	52688929	56502554	1.64E-03	4.64	[1.77-12.3]	10vs9	SRP54, FAM177A1, PPP2R3C, KIAA0391, PSMA6, NFKBIA, INSM2, GARNL1, BRMS1L, MBIP, SFTPH, NKX2-1, NKX2-8, PAX9, SLC25A21, MIPOL1, FOXA1, TTC6, SSTR1, CLEC14A, MSI2, **MRPS23**, CUEDC1, VEZF1, SFRS1, DYNLL2, OR4D1, OR4D2, EPX, MKS1, LPO, MPO, BZRAP1, SUPT4H1, RNF43, HSF5, MTMR4, sept-04, C17orf47, TEX14, LOC645545, RAD51C, PPM1E, TRIM37, FAM33A, PRR11, C17orf71, GDPD1, YPEL2, DHX40, CLTC, PTRH2, TMEM49, TUBD1, RPS6KB1, RNFT1, HEATR6, CA4, USP32, C17orf64, APPBP2, PPM1D, LOC729617
20	86185	87804	9.54E-03	4.92	[1.49-17.46]	7vs5	DEFB127
20	688723	697228	5.43E-03	4.58	[1.56-13.79]	8vs7	C20orf54
20	1297621	2437778	8.13E-04	8.88	[2.58-35.48]	8vs4	FKBP1A, NSFL1C, SIRPB2, SIRPD, SIRPB1, SIRPG, SIRPA, PDYN, **STK35**, TGM3, TGM6, SNRPB, ZNF343

Table 4.11 : Top gènes de la cartographie par segments HBD. Les 236 gènes avec une p-valeur < 0.01. Les colonnes p-valeur, OR, IC et effectifs (cas versus témoins) correspondent au gène le plus significatif (en gras dans la colonne gènes).

DISCUSSION

Dans cette thèse nous nous sommes intéressés aux méthodes permettant d'estimer le coefficient de consanguinité d'un individu sans généalogie connue. La densité des données génétiques actuelles a poussé les chercheurs à développer de nouvelles méthodes, dont certaines pouvant prendre en compte le LD de la population. Nous les avons décrites dans le chapitre 2, en les divisant en 4 types : les estimateurs simple-points, les ROHs, FEstim sur des sous-cartes, et les HMMs modélisant le LD. Leur développement étant très récent, les propriétés de ces méthodes restaient mal connues. Pour cette raison, nous les avons toutes comparées dans le cadre de données simulées (chapitre 3), en fonction du degré de consanguinité de l'individu, de son origine géographique, et du nombre de marqueurs disponibles. Nous avons montré que l'approche FEstim sur des sous-cartes donnait de bons résultats dans la plupart des situations et présentait un avantage important, celui d'être utilisable sur n'importe quelle taille d'échantillon, voire même sur un seul individu, puisqu'elle nécessite uniquement les fréquences alléliques. L'estimateur du taux de consanguinité fourni par FEstim étant un estimateur par maximum de vraisemblance, il est également possible de tester si le coefficient de consanguinité est significativement différent de 0 et de déterminer la relation de parenté des parents la plus vraisemblable parmi un ensemble de relations possible. Une limite de cette approche est qu'il est nécessaire de disposer de données de fréquences alléliques sur la population d'origine des individus. Avec les différents projets internationaux de caractérisation de la diversité génétique des populations, on dispose aujourd'hui de données de fréquences sur de nombreuses populations à travers le monde. Dans quelques situations cependant, par exemple lorsque les individus étudiés proviennent d'une sous-population isolée comme un même village, il peut être difficile d'avoir des estimations fiables de ces fréquences. L'approche FEstim sur des sous-cartes est alors difficilement utilisable et l'approche ROHs en utilisant un seuil de longueur de 1 500 kb peut alors s'avérer une alternative intéressante pour obtenir des estimations relativement fiables des taux de consanguinité des individus. Par contre, cette approche ne permet pas de tester si les taux de consanguinité sont significativement différents de zéro.

Afin de faciliter l'utilisation de FEstim avec des sous-cartes, nous avons développé le pipeline FSuite. Comme illustré dans le chapitre 4, ce pipeline permet d'interpréter facilement les résultats d'études de génétique de populations et de génétique épidémiologique. La stratégie des sous-cartes n'est cependant pas optimale pour détecter des segments HBD (Figure 3.4.C). Une solution pourrait être de modéliser le LD dans FSuite en implémentant l'approche FEstim_LD20 fixant les paramètres de la chaine de Markov. On obtiendrait ainsi des résultats similaires à GIBDLD et à BEAGLE en terme de détection de segments HBD (partie 7.4 du chapitre 3) mais au prix d'un coût de calcul beaucoup plus important. De plus, en fixant les paramètres de la chaine de Markov, on casserait la structure probabiliste de la HMM et on ne pourrait donc plus estimer les paramètres par maximum de vraisemblance et utiliser les statistiques implémentées dans FSuite. Une solution pour obtenir un estimateur du maximum de vraisemblance dans une HMM prenant en compte le LD serait de créer des blocs de combinaisons de marqueurs, comme cela avait été suggéré dans le logiciel WHAMM (partie 4.4 du chapitre 2). L'utilisation d'haplotypes permettrait de réduire le nombre de marqueurs, tout en en créant des plus informatifs, les fréquences alléliques étant alors remplacées par les fréquences de ces haplotypes.

L'estimation du coefficient de parenté entre deux individus, i.e. la probabilité que deux de leurs allèles (parmi les 4 allèles possibles) à un même locus soient IBD, et la détection des segments IBD n'ont pas été abordées dans ce manuscrit. Cependant, les méthodes existantes sont quasiment similaires à celles introduites dans le chapitre 2 : GCTA propose aussi des estimateurs simple-points du coefficient de parenté ; le logiciel GERMLINE (Gusev et coll. 2009) utilise une approche similaire à celle des ROHs de 1 cM à partir de données phasées ou génotypiques (non phasées) ; PLINK propose aussi une HMM modélisant le processus IBD de 2 individus (qui doit utiliser des données élaguées), mais n'estime pas les paramètres de sa chaine de Markov par maximum de vraisemblance ; enfin, GIBDLD et BEAGLE modélisent aussi le processus IBD de 2 individus tout en prenant en compte le LD de leur population. A notre connaissance, aucune étude n'a comparé toutes ces approches pour l'estimation du coefficient de parenté. La qualité de certaines nécessitant la connaissance de la phase des individus, on ne peut se permettre d'extrapoler directement nos conclusions sur l'estimation du coefficient de consanguinité et la détection des segments HBD sur ces méthodes, même si les résultats déjà publiés vont dans le même sens (Browning et Browning 2010, Han et Abney 2011). Pour cette raison, le développement d'une HMM maximisant la vraisemblance et utilisant des sous-cartes pourrait être intéressant pour détecter des relations de parentés entre individus. Prendre en compte la consanguinité des individus étudiés permettrait également d'améliorer les méthodes existantes, seule la HMM d'Han et Abney (2011, 2013) l'ayant proposé à ce jour.

DISCUSSION

Aujourd'hui, de plus en plus de données génétiques proviennent du séquençage haut-débit. Les plus utilisées actuellement sont celles issues du séquençage d'exomes (ou *whole exome sequencing*, WES), qui permettent d'obtenir d'emblée les variants des régions du génome codants pour des protéines. Si le séquençage de l'ensemble du génome humain (ou *whole genome sequencing*, WGS) est lui utilisé dans des cas plus restreints, la diminution de son coût en fera une technique très utilisée dans les années à venir (prix estimé à 1 000 US$). Les méthodes utilisées tout au long de cette thèse, dont FSuite, seront donc amenées à estimer le coefficient de consanguinité sur des données de séquences. Il existe cependant plusieurs différences entre les données issues de puces SNPs, pour lesquelles ces méthodes ont été développées, et celles issues du séquençage haut-débit. La première est le spectre de fréquences alléliques : si les puces SNPs contiennent des variants fréquents, les données issues du séquençage sont majoritairement composées de variants rares. La seconde est le taux d'erreurs de génotypage qui est, pour l'instant, beaucoup plus élevé pour les données issues du séquençage, principalement pour les variants très rares. Une solution pour utiliser ces méthodes serait donc d'extraire les polymorphismes fréquents des données issues du séquençage haut-débit. Cependant, dans le cas des données issues du WES, le fait que les exons ne couvrent pas uniformément le génome peut être pénalisant pour la détection des régions HBD (Zhuang et coll. 2012). Il était donc important de vérifier que FSuite fournissait de bonnes estimations sur des données ayant ce type de couverture. Pour cela, nous avons simulé pour 1 000 individus 1C des données génétiques issues de la puce SNP Affymetrix 250K et issues du WES. Les résultats obtenus sur ces deux types de données sont très similaires quelle que soit la sélection des sous-cartes et suggèrent donc qu'il est possible d'obtenir des estimations fiables des taux de consanguinité en utilisant FSuite sur des données WES (Figure 5.1).

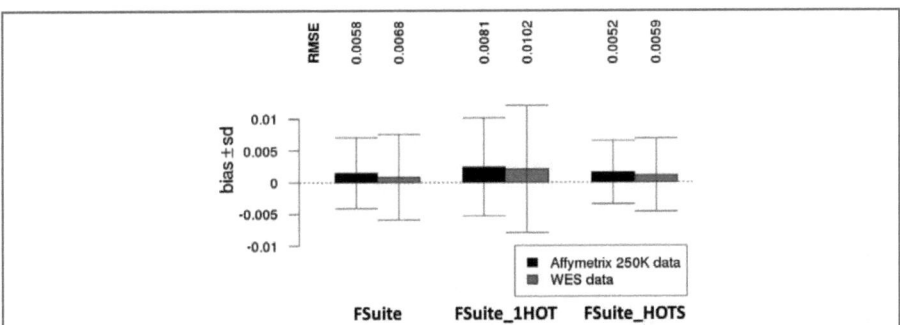

Figure 5.1 : Performance de FSuite sur des données issues du séquençage d'exomes (WES).
Le biais (en barre) avec ± 1 l'écart-type (en ligne) et le RMSE (nombre en haut) ont été calculés sur 1 000 individus 1C.
Pour réaliser cette figure nous avons simulé 1 000 individus 1C, en utilisant comme haplotypes de référence les 758 haplotypes européens (EUR) du panel 1 000 génomes (1000G), phasés par SHAPEIT 2 et disponibles sur le site mathgen.stats.ox.ac.uk. Nous avons gardé les variants issus de 2 sources différentes : ceux présents dans la puce SNP Affymetrix 250K et ceux référencés dans la base de données EVS (comme *exome variant server*, evs.gs.washington.edu/EVS) sensés représentés des données issus du WES. Pour ces derniers, nous n'avons sélectionné que les variants avec une MAF ≥ 5 % chez les EUR de 1000G, afin de ne garder que les polymorphismes fréquents. Ce choix est motivé par le fait que les polymorphismes rares ne sont informatifs que pour un très petit nombre d'individus. En effet, si ces variants sont sélectionnés dans une sous-carte, ils entraineront un excès de génotype homozygotes fréquents et donc non informatifs. De plus, la fréquence des allèles rares est difficile à estimer. Au total, 316 963 variants ont été gardés pour cette étude de simulation : 248 290 dans la puce SNP Affymetrix 250K et 71 206 dans EVS (dont 2 533 présents sur la puce SNP Affymetrix). Pour définir le vrai processus HBD de chaque individu simulé, les 316 963 variants ont été utilisés.
FSuite a été testé en sélectionnant les sous-cartes de 3 façons différentes : avec les paramètres par défaut (100 sous-cartes aléatoires avec un marqueur tous les 0.5 cM, équivalent à FEstim_SUBS dans notre étude de simulations) (noté FSuite), avec 1 sous-carte aléatoire créée à partir des points chauds de recombinaisons (FSuite_1HOT), et avec 100 sous-cartes aléatoires créées à partir des points chauds de recombinaisons (équivalent de FEstim_HOT_SUBS et noté ici FSuite_HOTS). Les fréquences alléliques des EUR de 1000G ont été utilisées dans tous les cas.

Cependant, en n'utilisant que les polymorphismes fréquents dans les données de séquence, on n'exploite pas l'information apportée par les variants rares pour confirmer l'identité par descendance. De nouvelles méthodes commencent à être développées pour tenir compte de cette information apportée par les variants rares (Browning et Browning 2013, Hochreiter 2013), mais en négligeant pour l'instant la modélisation par HMM. Des développements sont cependant encore nécessaires pour tenir compte des taux d'erreurs importants qui touchent préférentiellement les variants rares dans les données de séquences (Vieira et coll. 2013).

La recherche de régions d'homozygoties partagées par des malades est une approche séduisante pour détecter des variants de susceptibilité avec des effets récessifs impliqués dans les maladies multifactorielles ou bien des gènes impliqués dans des formes héréditaires récessives de maladies multifactorielles. Comme nous l'avons vu, cette approche a été utilisée dans un certain nombre de maladies multifactorielles mais n'a pas permis d'identifier avec certitude de nouveaux gènes. En effet, si certains signaux sont détectés dans une étude, ils ne sont généralement pas retrouvés dans les autres études réalisées sur la même pathologie. Une des raisons est vraisemblablement le choix du seuil de 1 000 kb qui est utilisé dans la plupart des études de cartographie par ROHs. En effet, ce seuil semble trop grand pour détecter des ROH dus au LD dans lesquels pourraient exister des variants communs impliqués dans la susceptibilité à la maladie, et trop petit pour détecter uniquement les segments HBD dans lesquels pourraient se trouver des variants rares à forte pénétrance reçus d'un ancêtre commun pas trop éloigné. Dans le chapitre 4, nous avons discuté trois approches possibles : la cartographie par ROHs avec des seuils de longueur réduits dans laquelle sont comparés les ROH de malades et de témoins, la cartographie par segments HBD qui compare également ces segments chez malades et témoins, et la stratégie HBD-GWAS où seuls les malades sont considérés. Pour la première méthode, le choix du seuil est crucial mais difficile à déterminer car dépendant de la fréquence du variant recherché et de la structure de LD autour du gène testé. Utiliser plusieurs seuils est pour l'instant la seule solution proposée pour contourner ce problème, mais les résultats obtenus peuvent alors être difficiles à interpréter dans la mesure où on va multiplier les tests et considérer les mêmes ROHs plusieurs fois, comme dans l'approche proposée par Liu et coll. (2009) que nous avons utilisé ici. Par exemple, dans notre application à la maladie d'Alzheimer, on trouve pour le gène GOLGA8E un signal significatif avec les ROHs de longueur supérieure à 100 kb, 140 kb et 250 kb, mais les ROHs de plus de 250 kb sont inclus dans ceux de plus de 140 kb, eux-mêmes inclus dans ceux de plus de 100 kb. La mise au point d'un outil statistique pour déterminer le seuil de longueur adapté à la population et voire également à la région génomique considérée en utilisant par exemple uniquement l'information génomique sur les témoins pourrait permettre une meilleur utilisation de cette stratégie d'analyse. Les deux méthodes basées sur les segments HBD semblent fournir des résultats très similaires, la différence principale venant des poids donnés aux individus consanguins. Dans la stratégie de cartographie par segment HBD, tous les individus contribuent de la même manière quel que soit leur taux de consanguinité alors que dans la stratégie HBD-GWAS, les individus avec les taux de consanguinité les plus faibles contribuent le plus. Cette stratégie HBD-GWAS nécessite cependant qu'une certaine fraction des malades de l'échantillon soient consanguins, et sa puissance augmente avec cette fraction. Dans notre étude sur la maladie d'Alzheimer, nous avons été surpris de constater que plus de 5 % des malades étaient consanguins ce qui représente un excès d'individus consanguins par rapport à ce qu'on pourrait attendre au vu des coefficients moyens de consanguinité actuellement estimés dans les populations européennes. Dans une autre étude que nous avons menée en utilisant la stratégie HBD-GWAS sur les 1 924 individus du WTCCC atteints du diabète de

DISCUSSION

type 2, seulement 0.9 % étaient consanguins (Genin et coll. 2012). Plusieurs raisons peuvent être évoquées pour expliquer ces différences. Une première raison pourrait être que la part des facteurs génétiques avec un effet récessif impliqués dans la maladie d'Alzheimer est plus grande que celle concernant le diabète de type 2. Une autre raison pourrait venir de l'âge des individus concernés, les patients Alzheimer étant plus âgés que les patients diabétiques et on sait que la consanguinité a diminué au cours des dernières générations dans nos populations. Enfin, l'échantillonnage dans des zones rurales ou urbaines peut également jouer un rôle. Si dans le cadre de ces deux études, il est difficile de savoir quelles sont les explications les plus plausibles, le choix de la population d'étude est soulevé pour l'utilisation de la stratégie HBD-GWAS. Pour maximiser la puissance de cette méthode, l'idéal serait de l'appliquer non pas en grandes populations mais dans des populations isolées où la proportion d'individus consanguins serait plus importante.

La sélection naturelle a tendance à augmenter le taux d'identité par descendance entre les individus d'une population (Albrechtsen et coll. 2010). Pour cette raison, les HMMs modélisant le LD que nous avons décrites ont également été utilisées pour mettre en évidence des régions du génome sous sélection positive récente (Albrechtsen et coll. 2010, Han et Abney 2013). C'est en particulier le cas de la méthode GIBDLD qui a été utilisée par ses auteurs pour rechercher ces signatures de sélection dans la population Masai du Kenya (MKK de HapMap). En suivant cette idée, nous pourrions, par une approche similaire à la stratégie HBD-GWAS, utiliser les segments HBD partagés par une fraction des individus non malades de la population. Cependant, l'utilisation des méthodes HMM pour la recherche d'une signature de sélection ne nous semble pas adaptée. En effet, leurs modèles font l'hypothèse que les fréquences restent constantes depuis la population fondatrice, supposant ainsi l'absence de sélection (partie 3.2.1 du chapitre 2). Pour ces raisons, nous pensons que l'utilisation de simples ROHs pourrait moins prêter à confusion et serait aussi efficace : nous avons en effet pu observer que pour plusieurs populations d'HapMap (Figure 4.3), de simples ROHs suffisaient à retrouver des signaux de sélection autour des gènes LCT (chromosome 2) ou HLA (chromosome 6), gènes connus pour avoir été soumis à la sélection naturelle. De plus, Pemberton et coll. (2012) ont montré que les régions du génome où l'on observe fréquemment de longs ROHs sont des régions dans lesquelles on retrouve des signatures génomiques de sélection comme des haplotypes plus longs qu'attendu du fait de la fréquence (et donc de l'âge présumé) des variants génétiques qu'ils contiennent (tests LRH des long range haplotypes).

Il existe toujours une certaine confusion autour du concept d'identité par descendance, variant en fonction de ce que le généticien considère comme un ancêtre commun (partie 2.4 du chapitre 1). Dans cette thèse, nous avons considéré uniquement des ancêtres communs récents : pour nous mettre dans une situation idéale, nous n'avons simulé que des descendants de cousins allant du premier au quatrième degré. Le but de cette étude était en effet de comparer la qualité des estimateurs et la puissance des tests selon le type de consanguinité. Cependant, les généalogies peuvent être en réalité bien plus complexes. Si la taille de la population fondatrice est petite, on pourra observer de multiples boucles de consanguinité « éloignée », ce qui augmente les chances de créer des segments HBD. Cet apparentement « éloigné » devient difficile à interpréter lorsque l'on sort du cadre de la génomique, et qu'on le regarde d'un point de vue généalogique. Tout d'abord, doit-on pour des études démographiques considérer deux individus partageant un seul haplotype IBD venant d'un ancêtre commun qui vivait il y a 500 ans (taille moyenne de 2 cM si l'on considère 20 ans par génération), comme plus apparentés que deux

DISCUSSION

cousins au troisième degré qui n'auraient reçu aucun segment IBD ? On peut alors discuter le fait de considérer de tels individus avec un segment partagé de 2 cM comme apparentés si on ne peut situer précisément l'origine de l'ancêtre commun. En poussant le raisonnement, doit-on considérer que tous les individus portant l'haplotype sélectionné du gène LCT sont apparentés ? Enfin, quid de la relation entre apparentement des parents et consanguinité de l'enfant si on considère que deux individus partageant un seul segment IBD sont apparentés, mais que leur enfant a seulement une chance sur quatre d'être consanguin. Les questions posées ici restent ouvertes, et leur réponse dépend bien évidemment du contexte, généalogique ou génomique, de l'étude.

REFERENCES

Abecasis GR, Wigginton JE. 2005. Handling marker-marker linkage disequilibrium: pedigree analysis with clustered markers. Am J Hum Genet 77: 754-767.

Abecasis GR, Cherny SS, Cookson WO, Cardon LR. 2002. Merlin--rapid analysis of dense genetic maps using sparse gene flow trees. Nat Genet 30: 97-101.

Abney M, Ober C, McPeek MS. 2002. Quantitative-trait homozygosity and association mapping and empirical genomewide significance in large, complex pedigrees: fasting serum-insulin level in the Hutterites. Am J Hum Genet 70: 920-934.

Albrechtsen A, Moltke I, Nielsen R. 2010. Natural selection and the distribution of identity-by-descent in the human genome. Genetics 186: 295-308.

Albrechtsen A, Sand Korneliussen T, Moltke I, van Overseem Hansen T, Nielsen FC, Nielsen R. 2009. Relatedness mapping and tracts of relatedness for genome-wide data in the presence of linkage disequilibrium. Genet Epidemiol 33: 266-274.

Alexander DH, Novembre J, Lange K. 2009. Fast model-based estimation of ancestry in unrelated individuals. Genome Res 19: 1655-1664.

Altshuler DM, Gibbs RA, Peltonen L, Dermitzakis E, Schaffner SF, Yu F, Bonnen PE, de Bakker PI, Deloukas P, Gabriel SB, Gwilliam R, Hunt S, Inouye M, Jia X, Palotie A, Parkin M, Whittaker P, Chang K, Hawes A, Lewis LR, Ren Y, Wheeler D, Muzny DM, Barnes C, Darvishi K, Hurles M, Korn JM, Kristiansson K, Lee C, McCarrol SA, Nemesh J, Keinan A, Montgomery SB, Pollack S, Price AL, Soranzo N, Gonzaga-Jauregui C, Anttila V, Brodeur W, Daly MJ, Leslie S, McVean G, Moutsianas L, Nguyen H, Zhang Q, Ghori MJ, McGinnis R, McLaren W, Takeuchi F, Grossman SR, Shlyakhter I, Hostetter EB, Sabeti PC, Adebamowo CA, Foster MW, Gordon DR, Licinio J, Manca MC, Marshall PA, Matsuda I, Ngare D, Wang VO, Reddy D, Rotimi CN, Royal CD, Sharp RR, Zeng C, Brooks LD, McEwen JE. 2010. Integrating common and rare genetic variation in diverse human populations. Nature 467: 52-58.

Auton A, Bryc K, Boyko AR, Lohmueller KE, Novembre J, Reynolds A, Indap A, Wright MH, Degenhardt JD, Gutenkunst RN, King KS, Nelson MR, Bustamante CD. 2009. Global distribution of genomic diversity underscores rich complex history of continental human populations. Genome Res 19: 795-803.

REFERENCES

Bansal V, Libiger O, Torkamani A, Schork NJ. 2010. Statistical analysis strategies for association studies involving rare variants. Nat Rev Genet 11: 773-785.

Barrett JC, Fry B, Maller J, Daly MJ. 2005. Haploview: analysis and visualization of LD and haplotype maps. Bioinformatics 21: 263-265.

Barrett JC, Lee JC, Lees CW, Prescott NJ, Anderson CA, Phillips A, Wesley E, Parnell K, Zhang H, Drummond H, Nimmo ER, Massey D, Blaszczyk K, Elliott T, Cotterill L, Dallal H, Lobo AJ, Mowat C, Sanderson JD, Jewell DP, Newman WG, Edwards C, Ahmad T, Mansfield JC, Satsangi J, Parkes M, Mathew CG, Donnelly P, Peltonen L, Blackwell JM, Bramon E, Brown MA, Casas JP, Corvin A, Craddock N, Deloukas P, Duncanson A, Jankowski J, Markus HS, McCarthy MI, Palmer CN, Plomin R, Rautanen A, Sawcer SJ, Samani N, Trembath RC, Viswanathan AC, Wood N, Spencer CC, Bellenguez C, Davison D, Freeman C, Strange A, Langford C, Hunt SE, Edkins S, Gwilliam R, Blackburn H, Bumpstead SJ, Dronov S, Gillman M, Gray E, Hammond N, Jayakumar A, McCann OT, Liddle J, Perez ML, Potter SC, Ravindrarajah R, Ricketts M, Waller M, Weston P, Widaa S, Whittaker P, Attwood AP, Stephens J, Sambrook J, Ouwehand WH, McArdle WL, Ring SM, Strachan DP. 2009. Genome-wide association study of ulcerative colitis identifies three new susceptibility loci, including the HNF4A region. Nat Genet 41: 1330-1334.

Baum L. 1972. An inequality and associated maximization technique in statistical estimation for probabilistic functions of Markov processes. Inequalities 3: 1-8.

Baum L, Petrie T. 1966. Statistical inference for probabilistic functions of finite state Markov chains. Annals of Mathematical Statistics 41: 1554-1563.

Baum L, Petrie T, Soules G, Weiss N. 1970. A Maximization Technique Occurring in the Statistical Analysis of Probabilistic Functions of Markov Chains. Ann. Math. Statist. 41: 164-171.

Beyea MM, Heslop CL, Sawyez CG, Edwards JY, Markle JG, Hegele RA, Huff MW. 2007. Selective up-regulation of LXR-regulated genes ABCA1, ABCG1, and APOE in macrophages through increased endogenous synthesis of 24(S),25-epoxycholesterol. J Biol Chem 282: 5207-5216.

Bittles A. 2012. Consanguinity in context.

Bittles A, Black M. 2010. Evolution in health and medicine Sackler colloquium: Consanguinity, human evolution, and complex diseases. Proc Natl Acad Sci U S A 107 Suppl 1: 1779-1786.

Blekhman R, Man O, Herrmann L, Boyko AR, Indap A, Kosiol C, Bustamante CD, Teshima KM, Przeworski M. 2008. Natural selection on genes that underlie human disease susceptibility. Curr Biol 18: 883-889.

Boehnke M, Cox NJ. 1997. Accurate inference of relationships in sib-pair linkage studies. Am J Hum Genet 61: 423-429.

Broman KW, Weber JL. 1999. Long homozygous chromosomal segments in reference families from the centre d'Etude du polymorphisme humain. Am J Hum Genet 65: 1493-1500.

Brown MD, Glazner CG, Zheng C, Thompson EA. 2012. Inferring coancestry in population samples in the presence of linkage disequilibrium. Genetics 190: 1447-1460.

Browning BL, Browning SR. 2007a. Efficient multilocus association testing for whole genome association studies using localized haplotype clustering. Genet Epidemiol 31: 365-375.

—. 2013. Detecting identity by descent and estimating genotype error rates in sequence data. Am J Hum Genet 93: 840-851.

Browning SR. 2006. Multilocus association mapping using variable-length Markov chains. Am J Hum Genet 78: 903-913.

—. 2008. Estimation of pairwise identity by descent from dense genetic marker data in a population sample of haplotypes. Genetics 178: 2123-2132.

Browning SR, Browning BL. 2007b. Rapid and accurate haplotype phasing and missing-data inference for whole-genome association studies by use of localized haplotype clustering. Am J Hum Genet 81: 1084-1097.

—. 2010. High-resolution detection of identity by descent in unrelated individuals. Am J Hum Genet 86: 526-539.

Browning SR, Thompson EA. 2012. Detecting Rare Variant Associations by Identity-by-Descent Mapping in Case-Control Studies. Genetics 190: 1521-1531.

Cann HM, de Toma C, Cazes L, Legrand MF, Morel V, Piouffre L, Bodmer J, Bodmer WF, Bonne-Tamir B, Cambon-Thomsen A, Chen Z, Chu J, Carcassi C, Contu L, Du R, Excoffier L, Ferrara GB, Friedlaender JS, Groot H, Gurwitz D, Jenkins T, Herrera RJ, Huang X, Kidd J, Kidd KK, Langaney A, Lin AA, Mehdi SQ, Parham P, Piazza A, Pistillo MP, Qian Y, Shu Q, Xu J, Zhu S, Weber JL, Greely HT, Feldman MW, Thomas G, Dausset J, Cavalli-Sforza LL. 2002. A human genome diversity cell line panel. Science 296: 261-262.

Casey JP, Magalhaes T, Conroy JM, Regan R, Shah N, Anney R, Shields DC, Abrahams BS, Almeida J, Bacchelli E, Bailey AJ, Baird G, Battaglia A, Berney T, Bolshakova N, Bolton PF, Bourgeron T, Brennan S, Cali P, Correia C, Corsello C, Coutanche M, Dawson G, de Jonge M, Delorme R, Duketis E, Duque F, Estes A, Farrar P, Fernandez BA, Folstein SE, Foley S, Fombonne E, Freitag CM, Gilbert J, Gillberg C, Glessner JT, Green J, Guter SJ, Hakonarson H, Holt R, Hughes G, Hus V, Igliozzi R, Kim C, Klauck SM, Kolevzon A, Lamb JA, Leboyer M, Le Couteur A, Leventhal BL, Lord C, Lund SC, Maestrini E,

REFERENCES

Mantoulan C, Marshall CR, McConachie H, McDougle CJ, McGrath J, McMahon WM, Merikangas A, Miller J, Minopoli F, Mirza GK, Munson J, Nelson SF, Nygren G, Oliveira G, Pagnamenta AT, Papanikolaou K, Parr JR, Parrini B, Pickles A, Pinto D, Piven J, Posey DJ, Poustka A, Poustka F, Ragoussis J, Roge B, Rutter ML, Sequeira AF, Soorya L, Sousa I, Sykes N, Stoppioni V, Tancredi R, Tauber M, Thompson AP, Thomson S, Tsiantis J, Van Engeland H, Vincent JB, Volkmar F, Vorstman JA, Wallace S, Wang K, Wassink TH, White K, Wing K, Wittemeyer K, Yaspan BL, Zwaigenbaum L, Betancur C, Buxbaum JD, Cantor RM, Cook EH, Coon H, Cuccaro ML, Geschwind DH, Haines JL, Hallmayer J, Monaco AP, Nurnberger JI, Jr., Pericak-Vance MA, Schellenberg GD, Scherer SW, Sutcliffe JS, Szatmari P, Vieland VJ, Wijsman EM, Green A, Gill M, Gallagher L, Vicente A, Ennis S. 2012. A novel approach of homozygous haplotype sharing identifies candidate genes in autism spectrum disorder. Hum Genet 131: 565-579.

Cohen JC, Kiss RS, Pertsemlidis A, Marcel YL, McPherson R, Hobbs HH. 2004. Multiple rare alleles contribute to low plasma levels of HDL cholesterol. Science 305: 869-872.

Colella S, Yau C, Taylor JM, Mirza G, Butler H, Clouston P, Bassett AS, Seller A, Holmes CC, Ragoussis J. 2007. QuantiSNP: an Objective Bayes Hidden-Markov Model to detect and accurately map copy number variation using SNP genotyping data. Nucleic Acids Res 35: 2013-2025.

Cruchaga C, Karch CM, Jin SC, Benitez BA, Cai Y, Guerreiro R, Harari O, Norton J, Budde J, Bertelsen S, Jeng AT, Cooper B, Skorupa T, Carrell D, Levitch D, Hsu S, Choi J, Ryten M, Hardy J, Trabzuni D, Weale ME, Ramasamy A, Smith C, Sassi C, Bras J, Gibbs JR, Hernandez DG, Lupton MK, Powell J, Forabosco P, Ridge PG, Corcoran CD, Tschanz JT, Norton MC, Munger RG, Schmutz C, Leary M, Demirci FY, Bamne MN, Wang X, Lopez OL, Ganguli M, Medway C, Turton J, Lord J, Braae A, Barber I, Brown K, Passmore P, Craig D, Johnston J, McGuinness B, Todd S, Heun R, Kolsch H, Kehoe PG, Hooper NM, Vardy ER, Mann DM, Pickering-Brown S, Kalsheker N, Lowe J, Morgan K, David Smith A, Wilcock G, Warden D, Holmes C, Pastor P, Lorenzo-Betancor O, Brkanac Z, Scott E, Topol E, Rogaeva E, Singleton AB, Kamboh MI, St George-Hyslop P, Cairns N, Morris JC, Kauwe JS, Goate AM. 2014. Rare coding variants in the phospholipase D3 gene confer risk for Alzheimer's disease. Nature 505: 550-554.

Curtis D. 2013. Approaches to the detection of recessive effects using next generation sequencing data from outbred populations. Adv Appl Bioinform Chem 6: 29-35.

Daly MJ, Rioux JD, Schaffner SF, Hudson TJ, Lander ES. 2001. High-resolution haplotype structure in the human genome. Nat Genet 29: 229-232.

DeGiorgio M, Rosenberg NA. 2009. An unbiased estimator of gene diversity in samples containing related individuals. Mol Biol Evol 26: 501-512.

Delaneau O, Marchini J, Zagury JF. 2012. A linear complexity phasing method for thousands of genomes. Nat Methods 9: 179-181.

Delaneau O, Zagury JF, Marchini J. 2013. Improved whole-chromosome phasing for disease and population genetic studies. Nat Methods 10: 5-6.

Dempster AP, Laird NM, Rubin DB. 1977. Maximum Likelihood from Incomplete Data via the EM Algorithm. Journal of the Royal Statistical Society. Series B (Methodological) 39: 1-38.

Dib C, Faure S, Fizames C, Samson D, Drouot N, Vignal A, Millasseau P, Marc S, Hazan J, Seboun E, Lathrop M, Gyapay G, Morissette J, Weissenbach J. 1996. A comprehensive genetic map of the human genome based on 5,264 microsatellites. Nature 380: 152-154.

Donis-Keller H, Green P, Helms C, Cartinhour S, Weiffenbach B, Stephens K, Keith TP, Bowden DW, Smith DR, Lander ES, et al. 1987. A genetic linkage map of the human genome. Cell 51: 319-337.

Edwards A. 1967. Automatic construction of genealogies from phenotypic information (Autokin). Bulletin of the European Society of Human Genetics 1: 42-43.

Edwards SL, Beesley J, French JD, Dunning AM. 2013. Beyond GWASs: illuminating the dark road from association to function. Am J Hum Genet 93: 779-797.

Elston RC, Stewart J. 1971. A general model for the genetic analysis of pedigree data. Hum Hered 21: 523-542.

Enciso-Mora V, Hosking FJ, Houlston RS. 2010. Risk of breast and prostate cancer is not associated with increased homozygosity in outbred populations. Eur J Hum Genet 18: 909-914.

Epstein MP, Duren WL, Boehnke M. 2000. Improved inference of relationship for pairs of individuals. Am J Hum Genet 67: 1219-1231.

Excoffier L, Slatkin M. 1995. Maximum-likelihood estimation of molecular haplotype frequencies in a diploid population. Mol Biol Evol 12: 921-927.

Farrer LA, Bowirrat A, Friedland RP, Waraska K, Korczyn AD, Baldwin CT. 2003. Identification of multiple loci for Alzheimer disease in a consanguineous Israeli-Arab community. Hum Mol Genet 12: 415-422.

Farrer LA, Cupples LA, Haines JL, Hyman B, Kukull WA, Mayeux R, Myers RH, Pericak-Vance MA, Risch N, van Duijn CM. 1997. Effects of age, sex, and ethnicity on the association between apolipoprotein E genotype and Alzheimer disease. A meta-analysis. APOE and Alzheimer Disease Meta Analysis Consortium. JAMA 278: 1349-1356.

REFERENCES

Ferri CP, Prince M, Brayne C, Brodaty H, Fratiglioni L, Ganguli M, Hall K, Hasegawa K, Hendrie H, Huang Y, Jorm A, Mathers C, Menezes PR, Rimmer E, Scazufca M. 2005. Global prevalence of dementia: a Delphi consensus study. Lancet 366: 2112-2117.

Francks C, Tozzi F, Farmer A, Vincent JB, Rujescu D, St Clair D, Muglia P. 2010. Population-based linkage analysis of schizophrenia and bipolar case-control cohorts identifies a potential susceptibility locus on 19q13. Mol Psychiatry 15: 319-325.

Furney SJ, Alba MM, Lopez-Bigas N. 2006. Differences in the evolutionary history of disease genes affected by dominant or recessive mutations. BMC Genomics 7: 165.

Gabriel SB, Schaffner SF, Nguyen H, Moore JM, Roy J, Blumenstiel B, Higgins J, DeFelice M, Lochner A, Faggart M, Liu-Cordero SN, Rotimi C, Adeyemo A, Cooper R, Ward R, Lander ES, Daly MJ, Altshuler D. 2002. The structure of haplotype blocks in the human genome. Science 296: 2225-2229.

Gamsiz ED, Viscidi EW, Frederick AM, Nagpal S, Sanders SJ, Murtha MT, Schmidt M, Triche EW, Geschwind DH, State MW, Istrail S, Cook EH, Jr., Devlin B, Morrow EM. 2013. Intellectual disability is associated with increased runs of homozygosity in simplex autism. Am J Hum Genet 93: 103-109.

Garrod AE. 1902. The incidence of alcaptonuria: a study in chemical individuality. Lancet 11: 1616-1620.

Gazal S, Sacre K, Allanore Y, Teruel M, Goodall AH, Tohma S, Alfredsson L, Okada Y, Xie G, Constantin A, Balsa A, Kawasaki A, Nicaise P, Amos C, Rodriguez-Rodriguez L, Chioccia G, Boileau C, Zhang J, Vittecoq O, Barnetche T, Gonzalez Gay MA, Furukawa H, Cantagrel A, Le Loet X, Sumida T, Hurtado-Nedelec M, Richez C, Chollet-Martin S, Schaeverbeke T, Combe B, Khoryati L, Coustet B, El-Benna J, Siminovitch K, Plenge R, Padyukov L, Martin J, Tsuchiya N, Dieude P. 2014. Identification of secreted phosphoprotein 1 gene as a new rheumatoid arthritis susceptibility gene. Ann Rheum Dis.

Genin E, Sahbatou M, Gazal S, Babron MC, Perdry H, Leutenegger AL. 2012. Could Inbred Cases Identified in GWAS Data Succeed in Detecting Rare Recessive Variants Where Affected Sib-Pairs Have Failed? Hum Hered 74: 142-152.

Genin E, Hannequin D, Wallon D, Sleegers K, Hiltunen M, Combarros O, Bullido MJ, Engelborghs S, De Deyn P, Berr C, Pasquier F, Dubois B, Tognoni G, Fievet N, Brouwers N, Bettens K, Arosio B, Coto E, Del Zompo M, Mateo I, Epelbaum J, Frank-Garcia A, Helisalmi S, Porcellini E, Pilotto A, Forti P, Ferri R, Scarpini E, Siciliano G, Solfrizzi V, Sorbi S, Spalletta G, Valdivieso F,

Vepsalainen S, Alvarez V, Bosco P, Mancuso M, Panza F, Nacmias B, Bossu P, Hanon O, Piccardi P, Annoni G, Seripa D, Galimberti D, Licastro F, Soininen H, Dartigues JF, Kamboh MI, Van Broeckhoven C, Lambert JC, Amouyel P, Campion D. 2011. APOE and Alzheimer disease: a major gene with semi-dominant inheritance. Mol Psychiatry 16: 903-907.

Ghani M, Sato C, Lee JH, Reitz C, Moreno D, Mayeux R, St George-Hyslop P, Rogaeva E. 2013. Evidence of recessive Alzheimer disease loci in a Caribbean Hispanic data set: genome-wide survey of runs of homozygosity. JAMA Neurol 70: 1261-1267.

Ghani M, Pinto D, Lee JH, Grinberg Y, Sato C, Moreno D, Scherer SW, Mayeux R, St George-Hyslop P, Rogaeva E. 2012. Genome-wide survey of large rare copy number variants in Alzheimer's disease among Caribbean hispanics. G3 (Bethesda) 2: 71-78.

Gibbs JR, Singleton A. 2006. Application of genome-wide single nucleotide polymorphism typing: simple association and beyond. PLoS Genet 2: e150.

Gibson J, Morton NE, Collins A. 2006. Extended tracts of homozygosity in outbred human populations. Hum Mol Genet 15: 789-795.

Goate A, Chartier-Harlin MC, Mullan M, Brown J, Crawford F, Fidani L, Giuffra L, Haynes A, Irving N, James L, et al. 1991. Segregation of a missense mutation in the amyloid precursor protein gene with familial Alzheimer's disease. Nature 349: 704-706.

Guerreiro R, Wojtas A, Bras J, Carrasquillo M, Rogaeva E, Majounie E, Cruchaga C, Sassi C, Kauwe JS, Younkin S, Hazrati L, Collinge J, Pocock J, Lashley T, Williams J, Lambert JC, Amouyel P, Goate A, Rademakers R, Morgan K, Powell J, St George-Hyslop P, Singleton A, Hardy J. 2013. TREM2 variants in Alzheimer's disease. N Engl J Med 368: 117-127.

Gusev A, Palamara PF, Aponte G, Zhuang Z, Darvasi A, Gregersen P, Pe'er I. 2012. The architecture of long-range haplotypes shared within and across populations. Mol Biol Evol 29: 473-486.

Gusev A, Lowe JK, Stoffel M, Daly MJ, Altshuler D, Breslow JL, Friedman JM, Pe'er I. 2009. Whole population, genome-wide mapping of hidden relatedness. Genome Res 19: 318-326.

Haldane J. 1919. The combination of linkage values and the calculation of distances between the loci of linked factors. Journal of Genetics 8: 229-309.

Han L, Abney M. 2011. Identity by descent estimation with dense genome-wide genotype data. Genet Epidemiol 35: 557-567.

—. 2013. Using identity by descent estimation with dense genotype data to detect positive selection. Eur J Hum Genet 21: 205-211.

Hill WG. 1974. Estimation of linkage disequilibrium in randomly mating populations. Heredity 33: 229-239.

REFERENCES

Hochreiter S. 2013. HapFABIA: identification of very short segments of identity by descent characterized by rare variants in large sequencing data. Nucleic Acids Res 41: e202.

Hosking FJ, Papaemmanuil E, Sheridan E, Kinsey SE, Lightfoot T, Roman E, Irving JA, Allan JM, Taylor M, Tomlinson IP, Greaves M, Houlston RS. 2010. Genome-wide homozygosity signatures and childhood acute lymphoblastic leukemia risk. Blood 115: 4472-4477.

Howrigan DP, Simonson MA, Keller MC. 2011. Detecting autozygosity through runs of homozygosity: A comparison of three autozygosity detection algorithms. BMC Genomics 12: 460.

Huff CD, Witherspoon DJ, Simonson TS, Xing J, Watkins WS, Zhang Y, Tuohy TM, Neklason DW, Burt RW, Guthery SL, Woodward SR, Jorde LB. 2011. Maximum-likelihood estimation of recent shared ancestry (ERSA). Genome Res 21: 768-774.

International HapMap Consortium. 2005. A haplotype map of the human genome. Nature 437: 1299-1320.

—. 2007. A second generation human haplotype map of over 3.1 million SNPs. Nature 449: 851-861.

—. 2010. Integrating common and rare genetic variation in diverse human populations. Nature 467: 52-58.

Jiang YH, Wauki K, Liu Q, Bressler J, Pan Y, Kashork CD, Shaffer LG, Beaudet AL. 2008. Genomic analysis of the chromosome 15q11-q13 Prader-Willi syndrome region and characterization of transcripts for GOLGA8E and WHCD1L1 from the proximal breakpoint region. BMC Genomics 9: 50.

Jimenez-Sanchez G, Childs B, Valle D. 2001. Human disease genes. Nature 409: 853-855.

Jonsson T, Stefansson H, Steinberg S, Jonsdottir I, Jonsson PV, Snaedal J, Bjornsson S, Huttenlocher J, Levey AI, Lah JJ, Rujescu D, Hampel H, Giegling I, Andreassen OA, Engedal K, Ulstein I, Djurovic S, Ibrahim-Verbaas C, Hofman A, Ikram MA, van Duijn CM, Thorsteinsdottir U, Kong A, Stefansson K. 2013. Variant of TREM2 associated with the risk of Alzheimer's disease. N Engl J Med 368: 107-116.

Keller MC, Visscher PM, Goddard ME. 2011. Quantification of inbreeding due to distant ancestors and its detection using dense single nucleotide polymorphism data. Genetics 189: 237-249.

Keller MC, Simonson MA, Ripke S, Neale BM, Gejman PV, Howrigan DP, Lee SH, Lencz T, Levinson DF, Sullivan PF. 2012. Runs of homozygosity implicate autozygosity as a schizophrenia risk factor. PLoS Genet 8: e1002656.

Kirin M, McQuillan R, Franklin CS, Campbell H, McKeigue PM, Wilson JF. 2010. Genomic runs of homozygosity record population history and consanguinity. PLoS One 5: e13996.

Klein RJ, Zeiss C, Chew EY, Tsai JY, Sackler RS, Haynes C, Henning AK, SanGiovanni JP, Mane SM, Mayne ST, Bracken MB, Ferris FL, Ott J, Barnstable C, Hoh J. 2005. Complement factor H polymorphism in age-related macular degeneration. Science 308: 385-389.

Ku CS, Naidoo N, Teo SM, Pawitan Y. 2011. Regions of homozygosity and their impact on complex diseases and traits. Hum Genet 129: 1-15.

Kuningas M, McQuillan R, Wilson JF, Hofman A, van Duijn CM, Uitterlinden AG, Tiemeier H. 2011. Runs of homozygosity do not influence survival to old age. PLoS One 6: e22580.

Lambert JC, Heath S, Even G, Campion D, Sleegers K, Hiltunen M, Combarros O, Zelenika D, Bullido MJ, Tavernier B, Letenneur L, Bettens K, Berr C, Pasquier F, Fievet N, Barberger-Gateau P, Engelborghs S, De Deyn P, Mateo I, Franck A, Helisalmi S, Porcellini E, Hanon O, de Pancorbo MM, Lendon C, Dufouil C, Jaillard C, Leveillard T, Alvarez V, Bosco P, Mancuso M, Panza F, Nacmias B, Bossu P, Piccardi P, Annoni G, Seripa D, Galimberti D, Hannequin D, Licastro F, Soininen H, Ritchie K, Blanche H, Dartigues JF, Tzourio C, Gut I, Van Broeckhoven C, Alperovitch A, Lathrop M, Amouyel P. 2009. Genome-wide association study identifies variants at CLU and CR1 associated with Alzheimer's disease. Nat Genet 41: 1094-1099.

Lambert JC, Ibrahim-Verbaas CA, Harold D, Naj AC, Sims R, Bellenguez C, Jun G, Destefano AL, Bis JC, Beecham GW, Grenier-Boley B, Russo G, Thornton-Wells TA, Jones N, Smith AV, Chouraki V, Thomas C, Ikram MA, Zelenika D, Vardarajan BN, Kamatani Y, Lin CF, Gerrish A, Schmidt H, Kunkle B, Dunstan ML, Ruiz A, Bihoreau MT, Choi SH, Reitz C, Pasquier F, Hollingworth P, Ramirez A, Hanon O, Fitzpatrick AL, Buxbaum JD, Campion D, Crane PK, Baldwin C, Becker T, Gudnason V, Cruchaga C, Craig D, Amin N, Berr C, Lopez OL, De Jager PL, Deramecourt V, Johnston JA, Evans D, Lovestone S, Letenneur L, Moron FJ, Rubinsztein DC, Eiriksdottir G, Sleegers K, Goate AM, Fievet N, Huentelman MJ, Gill M, Brown K, Kamboh MI, Keller L, Barberger-Gateau P, McGuinness B, Larson EB, Green R, Myers AJ, Dufouil C, Todd S, Wallon D, Love S, Rogaeva E, Gallacher J, St George-Hyslop P, Clarimon J, Lleo A, Bayer A, Tsuang DW, Yu L, Tsolaki M, Bossu P, Spalletta G, Proitsi P, Collinge J, Sorbi S, Sanchez-Garcia F, Fox NC, Hardy J, Naranjo MC, Bosco P, Clarke R, Brayne C, Galimberti D, Mancuso M, Matthews F, Moebus S, Mecocci P, Del Zompo M, Maier W, Hampel H, Pilotto A, Bullido M, Panza F, Caffarra P, Nacmias B, Gilbert JR, Mayhaus M, Lannfelt L, Hakonarson H, Pichler S, Carrasquillo MM, Ingelsson M, Beekly D, Alvarez V,

REFERENCES

Zou F, Valladares O, Younkin SG, Coto E, Hamilton-Nelson KL, Gu W, Razquin C, Pastor P, Mateo I, Owen MJ, Faber KM, Jonsson PV, Combarros O, O'Donovan MC, Cantwell LB, Soininen H, Blacker D, Mead S, Mosley TH, Jr., Bennett DA, Harris TB, Fratiglioni L, Holmes C, de Bruijn RF, Passmore P, Montine TJ, Bettens K, Rotter JI, Brice A, Morgan K, Foroud TM, Kukull WA, Hannequin D, Powell JF, Nalls MA, Ritchie K, Lunetta KL, Kauwe JS, Boerwinkle E, Riemenschneider M, Boada M, Hiltunen M, Martin ER, Schmidt R, Rujescu D, Wang LS, Dartigues JF, Mayeux R, Tzourio C, Hofman A, Nothen MM, Graff C, Psaty BM, Jones L, Haines JL, Holmans PA, Lathrop M, Pericak-Vance MA, Launer LJ, Farrer LA, van Duijn CM, Van Broeckhoven C, Moskvina V, Seshadri S, Williams J, Schellenberg GD, Amouyel P. 2013. Meta-analysis of 74,046 individuals identifies 11 new susceptibility loci for Alzheimer's disease. Nat Genet.

Lander ES, Green P. 1987. Construction of multilocus genetic linkage maps in humans. Proc Natl Acad Sci U S A 84: 2363-2367.

Lander ES, Botstein D. 1987. Homozygosity mapping: a way to map human recessive traits with the DNA of inbred children. Science 236: 1567-1570.

Lander ES, Schork NJ. 1994. Genetic dissection of complex traits. Science 265: 2037-2048.

Lander ES, Linton LM, Birren B, Nusbaum C, Zody MC, Baldwin J, Devon K, Dewar K, Doyle M, FitzHugh W, Funke R, Gage D, Harris K, Heaford A, Howland J, Kann L, Lehoczky J, LeVine R, McEwan P, McKernan K, Meldrim J, Mesirov JP, Miranda C, Morris W, Naylor J, Raymond C, Rosetti M, Santos R, Sheridan A, Sougnez C, Stange-Thomann N, Stojanovic N, Subramanian A, Wyman D, Rogers J, Sulston J, Ainscough R, Beck S, Bentley D, Burton J, Clee C, Carter N, Coulson A, Deadman R, Deloukas P, Dunham A, Dunham I, Durbin R, French L, Grafham D, Gregory S, Hubbard T, Humphray S, Hunt A, Jones M, Lloyd C, McMurray A, Matthews L, Mercer S, Milne S, Mullikin JC, Mungall A, Plumb R, Ross M, Shownkeen R, Sims S, Waterston RH, Wilson RK, Hillier LW, McPherson JD, Marra MA, Mardis ER, Fulton LA, Chinwalla AT, Pepin KH, Gish WR, Chissoe SL, Wendl MC, Delehaunty KD, Miner TL, Delehaunty A, Kramer JB, Cook LL, Fulton RS, Johnson DL, Minx PJ, Clifton SW, Hawkins T, Branscomb E, Predki P, Richardson P, Wenning S, Slezak T, Doggett N, Cheng JF, Olsen A, Lucas S, Elkin C, Uberbacher E, Frazier M, Gibbs RA, Muzny DM, Scherer SE, Bouck JB, Sodergren EJ, Worley KC, Rives CM, Gorrell JH, Metzker ML, Naylor SL, Kucherlapati RS, Nelson DL, Weinstock GM, Sakaki Y, Fujiyama A, Hattori M, Yada T, Toyoda A, Itoh T, Kawagoe C, Watanabe H, Totoki Y, Taylor T, Weissenbach J, Heilig R, Saurin W, Artiguenave F, Brottier P, Bruls T, Pelletier E, Robert C, Wincker P, Smith DR, Doucette-Stamm L, Rubenfield M, Weinstock K, Lee HM, Dubois J,

Rosenthal A, Platzer M, Nyakatura G, Taudien S, Rump A, Yang H, Yu J, Wang J, Huang G, Gu J, Hood L, Rowen L, Madan A, Qin S, Davis RW, Federspiel NA, Abola AP, Proctor MJ, Myers RM, Schmutz J, Dickson M, Grimwood J, Cox DR, Olson MV, Kaul R, Shimizu N, Kawasaki K, Minoshima S, Evans GA, Athanasiou M, Schultz R, Roe BA, Chen F, Pan H, Ramser J, Lehrach H, Reinhardt R, McCombie WR, de la Bastide M, Dedhia N, Blocker H, Hornischer K, Nordsiek G, Agarwala R, Aravind L, Bailey JA, Bateman A, Batzoglou S, Birney E, Bork P, Brown DG, Burge CB, Cerutti L, Chen HC, Church D, Clamp M, Copley RR, Doerks T, Eddy SR, Eichler EE, Furey TS, Galagan J, Gilbert JG, Harmon C, Hayashizaki Y, Haussler D, Hermjakob H, Hokamp K, Jang W, Johnson LS, Jones TA, Kasif S, Kaspryzk A, Kennedy S, Kent WJ, Kitts P, Koonin EV, Korf I, Kulp D, Lancet D, Lowe TM, McLysaght A, Mikkelsen T, Moran JV, Mulder N, Pollara VJ, Ponting CP, Schuler G, Schultz J, Slater G, Smit AF, Stupka E, Szustakowski J, Thierry-Mieg D, Thierry-Mieg J, Wagner L, Wallis J, Wheeler R, Williams A, Wolf YI, Wolfe KH, Yang SP, Yeh RF, Collins F, Guyer MS, Peterson J, Felsenfeld A, Wetterstrand KA, Patrinos A, Morgan MJ, de Jong P, Catanese JJ, Osoegawa K, Shizuya H, Choi S, Chen YJ. 2001. Initial sequencing and analysis of the human genome. Nature 409: 860-921.

Lencz T, Lambert C, DeRosse P, Burdick KE, Morgan TV, Kane JM, Kucherlapati R, Malhotra AK. 2007. Runs of homozygosity reveal highly penetrant recessive loci in schizophrenia. Proc Natl Acad Sci U S A 104: 19942-19947.

Lettre G, Lange C, Hirschhorn JN. 2007. Genetic model testing and statistical power in population-based association studies of quantitative traits. Genet Epidemiol 31: 358-362.

Leutenegger AL. 2003. Estimation of random genome sharing; consequences for linkage detection.

Leutenegger AL, Sahbatou M, Gazal S, Cann H, Genin E. 2011. Consanguinity around the world: what do the genomic data of the HGDP-CEPH diversity panel tell us? Eur J Hum Genet 19: 583-587.

Leutenegger AL, Prum B, Genin E, Verny C, Lemainque A, Clerget-Darpoux F, Thompson EA. 2003. Estimation of the inbreeding coefficient through use of genomic data. Am J Hum Genet 73: 516-523.

Leutenegger AL, Labalme A, Genin E, Toutain A, Steichen E, Clerget-Darpoux F, Edery P. 2006. Using genomic inbreeding coefficient estimates for homozygosity mapping of rare recessive traits: application to Taybi-Linder syndrome. Am J Hum Genet 79: 62-66.

Levy-Lahad E, Wasco W, Poorkaj P, Romano DM, Oshima J, Pettingell WH, Yu CE, Jondro PD, Schmidt SD, Wang K, et al. 1995. Candidate gene for the chromosome 1 familial Alzheimer's disease locus. Science 269: 973-977.

REFERENCES

Levy S, Sutton G, Ng PC, Feuk L, Halpern AL, Walenz BP, Axelrod N, Huang J, Kirkness EF, Denisov G, Lin Y, MacDonald JR, Pang AW, Shago M, Stockwell TB, Tsiamouri A, Bafna V, Bansal V, Kravitz SA, Busam DA, Beeson KY, McIntosh TC, Remington KA, Abril JF, Gill J, Borman J, Rogers YH, Frazier ME, Scherer SW, Strausberg RL, Venter JC. 2007. The diploid genome sequence of an individual human. PLoS Biol 5: e254.

Lewontin RC. 1964. The Interaction of Selection and Linkage. I. General Considerations; Heterotic Models. Genetics 49: 49-67.

Li B, Leal SM. 2008. Methods for detecting associations with rare variants for common diseases: application to analysis of sequence data. Am J Hum Genet 83: 311-321.

Li CC, Horvitz DG. 1953. Some methods of estimating the inbreeding coefficient. Am J Hum Genet 5: 107-117.

Li J, Ji L. 2005. Adjusting multiple testing in multilocus analyses using the eigenvalues of a correlation matrix. Heredity 95: 221-227.

Li N, Stephens M. 2003. Modeling linkage disequilibrium and identifying recombination hotspots using single-nucleotide polymorphism data. Genetics 165: 2213-2233.

Lin PI, Kuo PH, Chen CH, Wu JY, Gau SS, Wu YY, Liu SK. 2013. Runs of homozygosity associated with speech delay in autism in a taiwanese han population: evidence for the recessive model. PLoS One 8: e72056.

Liu W, Ding J, Gibbs JR, Wang SJ, Hardy J, Singleton A. 2009. A simple and efficient algorithm for genome-wide homozygosity analysis in disease. Mol Syst Biol 5: 304.

Madsen BE, Browning SR. 2009. A groupwise association test for rare mutations using a weighted sum statistic. PLoS Genet 5: e1000384.

Malécot G, ed. 1948. Les mathématiques de l'hérédité Paris.

Manolio TA, Collins FS, Cox NJ, Goldstein DB, Hindorff LA, Hunter DJ, McCarthy MI, Ramos EM, Cardon LR, Chakravarti A, Cho JH, Guttmacher AE, Kong A, Kruglyak L, Mardis E, Rotimi CN, Slatkin M, Valle D, Whittemore AS, Boehnke M, Clark AG, Eichler EE, Gibson G, Haines JL, Mackay TF, McCarroll SA, Visscher PM. 2009. Finding the missing heritability of complex diseases. Nature 461: 747-753.

Matise TC, Chen F, Chen W, De La Vega FM, Hansen M, He C, Hyland FC, Kennedy GC, Kong X, Murray SS, Ziegle JS, Stewart WC, Buyske S. 2007. A second-generation combined linkage physical map of the human genome. Genome Res 17: 1783-1786.

McCarthy MI, Abecasis GR, Cardon LR, Goldstein DB, Little J, Ioannidis JP, Hirschhorn JN. 2008. Genome-wide association studies for complex traits: consensus, uncertainty and challenges. Nat Rev Genet 9: 356-369.

McPeek MS, Sun L. 2000. Statistical tests for detection of misspecified relationships by use of genome-screen data. Am J Hum Genet 66: 1076-1094.

McQuillan R, Leutenegger AL, Abdel-Rahman R, Franklin CS, Pericic M, Barac-Lauc L, Smolej-Narancic N, Janicijevic B, Polasek O, Tenesa A, Macleod AK, Farrington SM, Rudan P, Hayward C, Vitart V, Rudan I, Wild SH, Dunlop MG, Wright AF, Campbell H, Wilson JF. 2008. Runs of homozygosity in European populations. Am J Hum Genet 83: 359-372.

McQuillan R, Eklund N, Pirastu N, Kuningas M, McEvoy BP, Esko T, Corre T, Davies G, Kaakinen M, Lyytikainen LP, Kristiansson K, Havulinna AS, Gogele M, Vitart V, Tenesa A, Aulchenko Y, Hayward C, Johansson A, Boban M, Ulivi S, Robino A, Boraska V, Igl W, Wild SH, Zgaga L, Amin N, Theodoratou E, Polasek O, Girotto G, Lopez LM, Sala C, Lahti J, Laatikainen T, Prokopenko I, Kals M, Viikari J, Yang J, Pouta A, Estrada K, Hofman A, Freimer N, Martin NG, Kahonen M, Milani L, Heliovaara M, Vartiainen E, Raikkonen K, Masciullo C, Starr JM, Hicks AA, Esposito L, Kolcic I, Farrington SM, Oostra B, Zemunik T, Campbell H, Kirin M, Pehlic M, Faletra F, Porteous D, Pistis G, Widen E, Salomaa V, Koskinen S, Fischer K, Lehtimaki T, Heath A, McCarthy MI, Rivadeneira F, Montgomery GW, Tiemeier H, Hartikainen AL, Madden PA, d'Adamo P, Hastie ND, Gyllensten U, Wright AF, van Duijn CM, Dunlop M, Rudan I, Gasparini P, Pramstaller PP, Deary IJ, Toniolo D, Eriksson JG, Jula A, Raitakari OT, Metspalu A, Perola M, Jarvelin MR, Uitterlinden A, Visscher PM, Wilson JF. 2012. Evidence of inbreeding depression on human height. PLoS Genet 8: e1002655.

McVean GA, Myers SR, Hunt S, Deloukas P, Bentley DR, Donnelly P. 2004. The fine-scale structure of recombination rate variation in the human genome. Science 304: 581-584.

Moltke I, Albrechtsen A. 2013. RelateAdmix: a software tool for estimating relatedness between admixed individuals. Bioinformatics.

Moltke I, Albrechtsen A, Hansen TV, Nielsen FC, Nielsen R. 2011. A method for detecting IBD regions simultaneously in multiple individuals--with applications to disease genetics. Genome Res 21: 1168-1180.

Morgenthaler S, Thilly WG. 2007. A strategy to discover genes that carry multi-allelic or mono-allelic risk for common diseases: a cohort allelic sums test (CAST). Mutat Res 615: 28-56.

Morris AP, Zeggini E. 2010. An evaluation of statistical approaches to rare variant analysis in genetic association studies. Genet Epidemiol 34: 188-193.

Morton NE. 1955. Sequential tests for the detection of linkage. Am J Hum Genet 7: 277-318.

REFERENCES

Nalls MA, Guerreiro RJ, Simon-Sanchez J, Bras JT, Traynor BJ, Gibbs JR, Launer L, Hardy J, Singleton AB. 2009a. Extended tracts of homozygosity identify novel candidate genes associated with late-onset Alzheimer's disease. Neurogenetics 10: 183-190.

Nalls MA, Simon-Sanchez J, Gibbs JR, Paisan-Ruiz C, Bras JT, Tanaka T, Matarin M, Scholz S, Weitz C, Harris TB, Ferrucci L, Hardy J, Singleton AB. 2009b. Measures of autozygosity in decline: globalization, urbanization, and its implications for medical genetics. PLoS Genet 5: e1000415.

Nei M, Roychoudhury AK. 1974. Sampling variances of heterozygosity and genetic distance. Genetics 76: 379-390.

Nothnagel M, Lu TT, Kayser M, Krawczak M. 2010. Genomic and geographic distribution of SNP-defined runs of homozygosity in Europeans. Hum Mol Genet 19: 2927-2935.

Ott J. 1991. Analysis of Human Genetic Linkage. Baltimore: Johns Hopkins University Press.

Pemberton TJ, Wang C, Li JZ, Rosenberg NA. 2010. Inference of unexpected genetic relatedness among individuals in HapMap Phase III. Am J Hum Genet 87: 457-464.

Pemberton TJ, Absher D, Feldman MW, Myers RM, Rosenberg NA, Li JZ. 2012. Genomic patterns of homozygosity in worldwide human populations. Am J Hum Genet 91: 275-292.

Polasek O, Hayward C, Bellenguez C, Vitart V, Kolcic I, McQuillan R, Saftic V, Gyllensten U, Wilson JF, Rudan I, Wright AF, Campbell H, Leutenegger AL. 2010. Comparative assessment of methods for estimating individual genome-wide homozygosity-by-descent from human genomic data. BMC Genomics 11: 139.

Power RA, Keller MC, Ripke S, Abdellaoui A, Wray NR, Sullivan PF, Breen G. 2014. A recessive genetic model and runs of homozygosity in major depressive disorder. Am J Med Genet B Neuropsychiatr Genet 165: 157-166.

Price AL, Patterson NJ, Plenge RM, Weinblatt ME, Shadick NA, Reich D. 2006. Principal components analysis corrects for stratification in genome-wide association studies. Nat Genet 38: 904-909.

Pritchard JK, Stephens M, Donnelly P. 2000. Inference of population structure using multilocus genotype data. Genetics 155: 945-959.

Purcell S, Neale B, Todd-Brown K, Thomas L, Ferreira MA, Bender D, Maller J, Sklar P, de Bakker PI, Daly MJ, Sham PC. 2007. PLINK: a tool set for whole-genome association and population-based linkage analyses. Am J Hum Genet 81: 559-575.

Reich DE, Cargill M, Bolk S, Ireland J, Sabeti PC, Richter DJ, Lavery T, Kouyoumjian R, Farhadian SF, Ward R, Lander ES. 2001. Linkage disequilibrium in the human genome. Nature 411: 199-204.

Ritland K. 1996. Estimators for pairwise relatedness and individual inbreeding coefficient. Genet Res Camb 67: 175-185.

Rogaev EI, Sherrington R, Rogaeva EA, Levesque G, Ikeda M, Liang Y, Chi H, Lin C, Holman K, Tsuda T, et al. 1995. Familial Alzheimer's disease in kindreds with missense mutations in a gene on chromosome 1 related to the Alzheimer's disease type 3 gene. Nature 376: 775-778.

Sabatti C, Risch N. 2002. Homozygosity and linkage disequilibrium. Genetics 160: 1707-1719.

Scheet P, Stephens M. 2006. A fast and flexible statistical model for large-scale population genotype data: applications to inferring missing genotypes and haplotypic phase. Am J Hum Genet 78: 629-644.

Sherrington R, Rogaev EI, Liang Y, Rogaeva EA, Levesque G, Ikeda M, Chi H, Lin C, Li G, Holman K, Tsuda T, Mar L, Foncin JF, Bruni AC, Montesi MP, Sorbi S, Rainero I, Pinessi L, Nee L, Chumakov I, Pollen D, Brookes A, Sanseau P, Polinsky RJ, Wasco W, Da Silva HA, Haines JL, Perkicak-Vance MA, Tanzi RE, Roses AD, Fraser PE, Rommens JM, St George-Hyslop PH. 1995. Cloning of a gene bearing missense mutations in early-onset familial Alzheimer's disease. Nature 375: 754-760.

Simon-Sanchez J, Kilarski LL, Nalls MA, Martinez M, Schulte C, Holmans P, Gasser T, Hardy J, Singleton AB, Wood NW, Brice A, Heutink P, Williams N, Morris HR. 2012. Cooperative genome-wide analysis shows increased homozygosity in early onset Parkinson's disease. PLoS One 7: e28787.

Sims R, Dwyer S, Harold D, Gerrish A, Hollingworth P, Chapman J, Jones N, Abraham R, Ivanov D, Pahwa JS, Moskvina V, Dowzell K, Thomas C, Stretton A, Lovestone S, Powell J, Proitsi P, Lupton MK, Brayne C, Rubinsztein DC, Gill M, Lawlor B, Lynch A, Morgan K, Brown KS, Passmore PA, Craig D, McGuiness B, Todd S, Johnston JA, Holmes C, Mann D, Smith AD, Love S, Kehoe PG, Hardy J, Mead S, Fox N, Rossor M, Collinge J, Livingston G, Bass NJ, Gurling H, McQuillin A, Jones L, Holmans PA, O'Donovan M, Owen MJ, Williams J. 2011. No evidence that extended tracts of homozygosity are associated with Alzheimer's disease. Am J Med Genet B Neuropsychiatr Genet 156B: 764-771.

Smith CA. 1963. Testing for Heterogeneity of Recombination Fraction Values in Human Genetics. Ann Hum Genet 27: 175-182.

Spain SL, Cazier JB, Houlston R, Carvajal-Carmona L, Tomlinson I. 2009. Colorectal cancer risk is not associated with increased levels of homozygosity in a population from the United Kingdom. Cancer Res 69: 7422-7429.

Stam P. 1980. The distribution of the fraction of the genome identical by descent in finite random mating populations. Genetical Research Cambridge 35: 131-155.

Stephens M, Scheet P. 2005. Accounting for decay of linkage disequilibrium in haplotype inference and missing-data imputation. Am J Hum Genet 76: 449-462.

Stephens M, Smith NJ, Donnelly P. 2001. A new statistical method for haplotype reconstruction from population data. Am J Hum Genet 68: 978-989.

Stevens EL, Baugher JD, Shirley MD, Frelin LP, Pevsner J. 2012. Unexpected Relationships and Inbreeding in HapMap Phase III Populations. PLoS One 7: e49575.

Strittmatter WJ, Saunders AM, Schmechel D, Pericak-Vance M, Enghild J, Salvesen GS, Roses AD. 1993. Apolipoprotein E: high-avidity binding to beta-amyloid and increased frequency of type 4 allele in late-onset familial Alzheimer disease. Proc Natl Acad Sci U S A 90: 1977-1981.

Szpiech ZA, Xu J, Pemberton TJ, Peng W, Zollner S, Rosenberg NA, Li JZ. 2013. Long runs of homozygosity are enriched for deleterious variation. Am J Hum Genet 93: 90-102.

The 1000 Genomes Project Consortium. 2010. A map of human genome variation from population-scale sequencing. Nature 467: 1061-1073.

—. 2012. An integrated map of genetic variation from 1,092 human genomes. Nature 491: 56-65.

Thomas A, Skolnick MH, Lewis CM. 1994. Genomic mismatch scanning in pedigrees. IMA J Math Appl Med Biol 11: 1-16.

Thompson EA. 1975. The estimation of pairwise relationships. Ann Hum Genet 39: 173-188.

—. 1994. Monte Carlo estimation of multilocus autozygosity probabilities. 498-506.

—. 2008. Analysis of data on related individuals through inference of identity by descent. Technical Report 539. Departement of Statistics, University of Washington.

Thornton T, Tang H, Hoffmann TJ, Ochs-Balcom HM, Caan BJ, Risch N. 2012. Estimating kinship in admixed populations. Am J Hum Genet 91: 122-138.

Vieira FG, Fumagalli M, Albrechtsen A, Nielsen R. 2013. Estimating inbreeding coefficients from NGS data: Impact on genotype calling and allele frequency estimation. Genome Res 23: 1852-1861.

Vine AE, McQuillin A, Bass NJ, Pereira A, Kandaswamy R, Robinson M, Lawrence J, Anjorin A, Sklar P, Gurling HM, Curtis D. 2009. No evidence for excess runs of homozygosity in bipolar disorder. Psychiatr Genet 19: 165-170.

Voight BF. http://coruscant.itmat.upenn.edu/whamm.

Wang C, Xu Z, Jin G, Hu Z, Dai J, Ma H, Jiang Y, Hu L, Chu M, Cao S, Shen H. 2013. Genome-wide analysis of runs of homozygosity identifies new susceptibility regions of lung cancer in Han Chinese. J Biomed Res 27: 208-214.

Wang H, Lin CH, Service S, Chen Y, Freimer N, Sabatti C. 2006. Linkage disequilibrium and haplotype homozygosity in population samples genotyped at a high marker density. Hum Hered 62: 175-189.

Wang K, Li M, Hadley D, Liu R, Glessner J, Grant SF, Hakonarson H, Bucan M. 2007. PennCNV: an integrated hidden Markov model designed for high-resolution copy number variation detection in whole-genome SNP genotyping data. Genome Res 17: 1665-1674.

Wang S, Haynes C, Barany F, Ott J. 2009. Genome-wide autozygosity mapping in human populations. Genet Epidemiol 33: 172-180.

Weissenbach J, Gyapay G, Dib C, Vignal A, Morissette J, Millasseau P, Vaysseix G, Lathrop M. 1992. A second-generation linkage map of the human genome. Nature 359: 794-801.

Wellcome Trust Case Control Consortium. 2007. Genome-wide association study of 14,000 cases of seven common diseases and 3,000 shared controls. Nature 447: 661-678.

Wilkie AO. 1994. The molecular basis of genetic dominance. J Med Genet 31: 89-98.

Winckler W, Myers SR, Richter DJ, Onofrio RC, McDonald GJ, Bontrop RE, McVean GA, Gabriel SB, Reich D, Donnelly P, Altshuler D. 2005. Comparison of fine-scale recombination rates in humans and chimpanzees. Science 308: 107-111.

Wright S. 1922. Coefficients of inbreeding and relationship. The American Naturalist 56: 330-338.

—. 1951. The genetic structure of populations. Ann Eug 15.

Yang HC, Chang LC, Huggins RM, Chen CH, Mullighan CG. 2011a. LOHAS: loss-of-heterozygosity analysis suite. Genet Epidemiol.

Yang HC, Chang LC, Liang YJ, Lin CH, Wang PL. 2012. A genome-wide homozygosity association study identifies runs of homozygosity associated with rheumatoid arthritis in the human major histocompatibility complex. PLoS One 7: e34840.

Yang J, Lee SH, Goddard ME, Visscher PM. 2011b. GCTA: a tool for genome-wide complex trait analysis. Am J Hum Genet 88: 76-82.

REFERENCES

Yang TL, Guo Y, Zhang LS, Tian Q, Yan H, Papasian CJ, Recker RR, Deng HW. 2010. Runs of homozygosity identify a recessive locus 12q21.31 for human adult height. J Clin Endocrinol Metab 95: 3777-3782.

Zhuang Z, Gusev A, Cho J, Pe'er I. 2012. Detecting identity by descent and homozygosity mapping in whole-exome sequencing data. PLoS One 7: e47618.

Oui, je veux morebooks!

I want morebooks!

Buy your books fast and straightforward online - at one of the world's fastest growing online book stores! Environmentally sound due to Print-on-Demand technologies.

Buy your books online at
www.get-morebooks.com

Achetez vos livres en ligne, vite et bien, sur l'une des librairies en ligne les plus performantes au monde!
En protégeant nos ressources et notre environnement grâce à l'impression à la demande.

La librairie en ligne pour acheter plus vite
www.morebooks.fr

OmniScriptum Marketing DEU GmbH
Heinrich-Böcking-Str. 6-8
D - 66121 Saarbrücken

Telefax: +49 681 93 81 567-9

info@omniscriptum.de
www.omniscriptum.de

Printed by Books on Demand GmbH, Norderstedt / Germany